新农村建设实用技术丛书

杂粮食品加工

科学技术部中国农村技术开发中心
组织编写

中国农业科学技术出版社

图书在版编目（CIP）数据

杂粮食品加工/张美莉等编著．—北京：中国农业科学技术出版社，2006.10
（新农村建设实用技术丛书·农产品加工系列）
ISBN 7 - 80233 - 127 - 7

Ⅰ. 杂…　Ⅱ. 张…　Ⅲ. 杂粮 - 粮食加工　Ⅳ. TS21

中国版本图书馆 CIP 数据核字（2006）第 137955 号

责任编辑　崔改泵
责任校对　贾晓红　康苗苗
整体设计　孙宝林　马　钢

出版发行　中国农业科学技术出版社
　　　　　北京市中关村南大街 12 号 邮编：100081
电　　话　(010) 82109704（发行部）(010) 82106626（编辑室）
　　　　　(010) 82109703（读者服务部）
传　　真　(010) 82109704
网　　址　http://www.castp.cn
经 销 者　新华书店北京发行所
印 刷 者　北京华创印务有限公司印装
开　　本　850 mm ×1168 mm 1/32
印　　张　3.125
字　　数　80 千字
版　　次　2006 年 10 月第 1 版　2009 年 5 月第 5 次印刷
定　　价　9.80 元

《杂粮食品加工》编写人员

张美莉　吴继红　编著

张美莉

　　女，教授，博士。1993 年获农学硕士学位。同年毕业分配在内蒙古农牧学院食品科学与工程系任教。2001 年在内蒙古农业大学任职副教授，2004 年毕业于中国农业大学，获工学博士学位，研究方向是优质植物资源的开发利用。2006 年在内蒙古农业大学任职教授。

　　主持完成及正在主持自治区科技攻关项目、自然科学基金项目等五项，获内蒙古科技进步二等奖 1 项。主要著作有《食品功能成分的制备及其应用》和《杂粮食品生产工艺与配方》。近年来在国内核心刊物上发表研究论文 20 余篇，获优秀论文奖 2 篇。

吴继红

　　女，中国农业大学食品科学与营养工程学院副教授，博士，硕士生导师。近年来主持和承担农业部、科技部、商务部多项省部级课题；在国内外专业核心期刊发表论文40余篇；主要编写的书籍有《温带与亚热带果蔬汁制造》、《果蔬制品的安全生产与品质控制》、《粮食制品的安全生产与品质控制》、《现代食品物流学》等。

序

　　丹心终不改，白发为谁生。科技工作者历来具有忧国忧民的情愫。党的十六届五中全会提出建设社会主义新农村的重大历史任务，广大科技工作者更加感到前程似锦、责任重大，纷纷以实际行动担当起这项使命。中国农村技术开发中心和中国农业科学技术出版社经过努力，在很短的时间里就筹划编撰了《新农村建设系列科技丛书》，这是落实胡锦涛总书记提出的"尊重农民意愿，维护农民利益，增进农民福祉"指示精神又一重要体现，是建设新农村开局之年的一份厚礼。贺为序。

　　新农村建设重大历史任务的提出，指明了当前和今后一个时期"三农"工作的方向。全国科学技术大会的召开和《国家中长期科学技术发展规划纲要》的发布实施，树立了我国科技发展史上新的里程碑。党中央国务院做出的重大战略决策和部署，既对农村科技工作提出了新要求，又给农村科技事业提供了空前发展的新机遇。科技部积极响应中央号召，把科技促进社会主义新农村建设作为农村科技工作的中心任务，从高新技术研究、关键技术攻关、技术集成配套、科技成果转化和综合科技示范等方面进行了全面部署，并启动实施了新农村建设科技促进行动。编辑出版《新农村建设系列科技丛书》正是落实农村科技工作部署，把先进、实用技术推广到农村，为新农村建设提供有力科技支撑的一项重要举措。

　　这套丛书从三个层次多侧面、多角度、全方位为新农村建设提供科技支撑。一是以广大农民为读者群，从现代农业、农村社区、城镇化等方面入手，着眼于能够满足当前新农村建设中发展生产、乡村建设、生态环境、医疗卫生实际需求，编辑出版《新农村建设实用技术丛书》；二是以县、乡村干部和企业为读者群，着眼于新农村建设中迫切需要解决的重大问题，在新农村社区规划、农村住宅设计及新材料和节材节能技术、能源和资源高效利用、节水和给排水、农村生态修复、农产品加工保鲜、种植、养殖等方面，集成配套现有技术，编辑出版《新农村建设集成技术丛书》；三是以从事农村科技学习、研究、管理的学生、学者和管理干部等为读者群，着眼于农村科技的前沿领域，深入浅出地介绍相关科技领域的国内外研究现状和发展前景，编辑出版《新农村建设重大科技前沿丛书》。

该套丛书通俗易懂、图文并茂、深入浅出，凝结了一批权威专家、科技骨干和具有丰富实践经验的专业技术人员的心血和智慧，体现了科技界倾注"三农"，依靠科技推动新农村建设的信心和决心，必将为新农村建设做出新的贡献。

科学技术是第一生产力。《新农村建设系列科技丛书》的出版发行是顺应历史潮流，惠泽广大农民，落实新农村建设部署的重要措施之一。今后我们将进一步研究探索科技推进新农村建设的途径和措施，为广大科技人员投身于新农村建设提供更为广阔的空间和平台。"天下顺治在民富，天下和静在民乐，天下兴行在民趋于正。"让我们肩负起历史的使命，落实科学发展观，以科技创新和机制创新为动力，与时俱进、开拓进取，为社会主义新农村建设提供强大的支撑和不竭的动力。

中华人民共和国科学技术部副部长　刘燕华

2006 年 7 月 10 日于北京

目　录

一、燕麦食品的加工

（一）原料特性

燕麦又称莜麦、玉麦、铃铛麦，是禾本科燕麦属一年生草本植物，一般分为带稃型和裸粒型两大类。国外栽培的燕麦以带稃型为主，常称为皮燕麦，我国栽培的燕麦以裸粒型为主，常称为裸燕麦。

1. 燕麦的营养价值

燕麦籽粒营养成分极为丰富，每100克裸燕麦粉中含蛋白质15.6克，比普通小麦粉高65.8%，比玉米高75.3%。脂肪含量8.8克，居谷类作物首位。裸燕麦油脂中的亚油酸含量占脂肪含量的38.1%~52.0%。人体必需的8种氨基酸不仅含量高而且配比平衡，如赖氨酸含量是小麦、稻米的2倍以上，色氨酸含量是小麦、稻米的1.7倍以上。此外，燕麦籽粒中含有较丰富的维生素 B_1、维生素 B_2 和少量的维生素 E、钙、磷、铁、核黄素以及禾谷类作物中独有的皂甙。

2. 燕麦的保健功能

现代科学研究表明，燕麦具有多种功能，如调节血脂、减肥、延缓衰老、调节血糖、改善胃肠道功能等。燕麦中的亚油酸是人类最重要的必需脂肪酸，不仅用来维持人体正常的新陈代谢，而且是合成前列腺素的必要成分。燕麦中含有多种能够降低胆固醇的物质，如单不饱和脂肪酸、可溶性纤维（β-葡聚糖）、皂甙素等，它们都可以降低血液中的胆固醇、甘油三酯等的含量，从而减少患心血管疾病的风险。燕麦中的碳水化合物能够调节人体血液中葡萄糖浓度，这对糖尿病患者非常有益。燕麦含有的微量皂甙素与植物纤维结合，可以吸收胆汁酸，有益于身体健康。

（二）燕麦食品的加工技术

1. 燕麦保健面包

（1）原料配方　燕麦粉 2 公斤、小麦粉 3 公斤、酵母 100 克、白砂糖 250 克、食盐 100 克、起酥油 200 克。

（2）生产工艺流程

原辅料处理→面团调制→面团发酵→分块、搓圆→中间发酵→整形→醒发→烘烤→冷却→包装→成品

（3）操作要点

①原辅料处理：分别按面包原辅料要求，选用优质小麦粉、燕麦粉及其他辅料，按面包生产的要求处理后，再按配方比例称取原辅料。

②面团调制：将经过预处理的糖、食盐等制成溶液倒入调粉机，再加适量水，一起搅拌 3~4 分钟后，加入小麦粉和燕麦粉及预先活化的酵母液，再搅拌几分钟后，加入起酥油，继续搅拌到面团软硬适度，光滑均匀为止，面团调制时间为 40~50 分钟。

③面团发酵：将调制好的面团置于 28~30℃、相对湿度为 75%~85% 的条件下，发酵 2~3 小时，至面团发酵完全成熟时为止。发酵期间适时揿粉 1~2 次，一般情况下，当用手指插入面团再抽出时，面团有微量下降，不向凹处流动，也不立即跳回原状即可进行揿粉。揿粉用手将四周的面团推向中部，上面的面团向下揿，左边的面团向右翻动，右边的面团向左翻动，要求全部面团都能揿到、揿透、揿匀。

④分块、搓圆：将发酵成熟后的面团，切成 350 克左右的小块，用手工或机械进行搓圆，然后放置几分钟。

⑤中间发酵：将切块、搓圆的面包坯静置 3~5 分钟，使其

轻微发酵后，便可整形。

⑥整形：将经过中间发酵的面团压薄、搓卷，再做成各种特定的形状。

⑦醒发：将整形好的面包坯放入预先刷好的烤盘上，将烤盘放在温度为 30～32℃、相对湿度为 80%～90% 的醒发箱中，醒发 40～45 分钟，至面团体积增加 2 倍左右为止。

⑧烘烤：将醒发后的面团放入烤箱中，在 180～200℃ 的温度下，烘烤 10～15 分钟，即可烘熟出炉。

⑨冷却、包装：将烘熟的面包立即出盘冷却，当面包的中心温度降至 35～37℃ 时，即可进行包装，包装时要形态端正，有棱有角，包装纸不翘头、不破损。

（4）成品质量指标

色泽：表面呈深黄褐色、均匀无斑、略有光泽；

形态：表面清洁光滑、完整、无裂纹、无毛边；

质地：断面气孔细腻均匀，呈海绵状，手压富有弹性；

口感：松软适口，具有燕麦的清香味。

2. 燕麦饼干

（1）原料配方　燕麦粉 1 000 克、奶油 600 克、红糖 500 克、糕点粉 1 500 克、食盐 20 克、鸡蛋 150 克、香兰素 2 克、焙烤粉 60 克、碳酸氢钠 30 克、牛奶 60 克。

（2）工艺流程

原辅料预处理→面团调制→压模成型→烘烤→冷却→包装→成品

（3）操作要点

①原辅料预处理：将燕麦粉、糕点粉、焙烤粉、碳酸氢钠分别过筛，按配方比例称出备用。将奶油、红糖和食盐放入浆式搅拌机内，低速搅打 15～20 分钟，然后加入鸡蛋、牛奶和香兰素，再低速搅拌至物料完全混合均匀为止，备用。

②面团调制：将称好备用的糕点粉、焙烤粉和碳酸氢钠先混合均匀，再加入处理好的燕麦粉，然后加入前面搅拌好的浆液和

面，揉成软面团。

③辊轧成型：将和好的面团放入饼干成型机，进行辊压成型。面团较软，成型时，在面带表面洒少许植物油，以防面带粘轧辊。

④烘烤：将成型好的饼干放入温度为 190℃ 的烤箱，烘烤 10～12 分钟，即可烤熟。

⑤冷却、检验、包装：经过烘烤后的饼干，挑出残次品。待自然冷却后进行包装。

（4）成品质量指标

形态：外形整齐规则，厚薄均匀；

口感：香酥可口，不粘牙，具有燕麦特有的风味，无异味；

质地：均匀酥松，内部结构呈细密的多孔性组织，孔隙大小均匀。

3. 燕麦酥饼

（1）原料配方　燕麦粉 3 公斤、小麦粉 3 公斤、白糖 1.5 公斤、豆油 1.2 公斤、食盐 150 克。

（2）生产工艺流程

调馅 → 包馅 → 压扁刷糖 → 烘烤 → 冷却 → 成品
　　　　　↑
　调制油酥面团

（3）操作要点

①调馅：先将配方中的全部燕麦粉、白糖、食盐和 0.4 公斤豆油掺在一起，搅拌均匀，再加水 0.44 公斤调匀做馅。

②调制油酥面团：称取小麦粉 1 公斤、豆油 0.4 公斤搅拌混合均匀，调成油酥面团。

③包馅：将剩余的 2 公斤小麦粉和 0.4 公斤豆油混合一起，加温水 1 公斤搅拌和成面团。将面团反复揉搓，揉透揉匀，静置几分钟后压片，将油酥面团包在压好的面片内混合均匀，做成 20 克的剂子，然后每个剂子内放入调好的燕麦粉馅，包好。

④压扁、刷糖：将包好馅子的燕麦圆饼，压扁，刷上糖浆。

⑤烘烤：将刷好糖浆的生坯置于烤炉中进行烘烤，炉温控制在 160～180℃，大约烤 15～18 分钟即可。

⑥冷却：烤熟后的产品出炉，经过自然冷却至 37～40℃即可。

（4）成品质量指标

形态：扁圆、整齐、无毛边；

色泽：黄褐色、表面有光泽；

组织：疏松，稍有韧性；

口味：松软香甜，有燕麦特有的清香味。

4. 燕麦保健挂面

（1）原料配方　燕麦粉 5%、高蛋白面粉（蛋白质含量 15% 以上，水分含量 13.5%）90%、枸杞子、红花、山药适量、微量食盐和碱。

（2）工艺流程

原辅料→混合→和面→熟化→轧片→切条→挂条→烘干→自动切面→计量包装

（3）操作要点

①营养液的制备：

a. 枸杞营养液的制备。按配方用量称取干枸杞子→清洗→浸泡→按 1：3 加水打浆→过滤除渣→加热杀菌灭酶（80℃、2 分钟）→枸杞提取液→备用。

b. 红花营养液的制备。按配方用量称取红花→粉碎→按 1：5 加水→煮沸（15 分钟）→过滤除渣→红花提取液→备用。

c. 山药营养液的制备。按配方用量称取新鲜山药→清洗→去皮→切碎→打浆→过滤→山药提取液→备用。

②和面：将面粉加入和面机中，然后将各种营养液和辅料混合均匀后，加入和面机中，加水量控制在 25% 左右（含营养液）。然后搅拌至物料呈乳黄色为止，时间约 15 分钟左右。

③熟化：和好的料坯由和面机卸料，经自流管进入熟化机

内，熟化 20 分钟.

④压片和轧条：熟化后的料坯经过两对并列的初辊压成两片面片，然后两片面片由一对复合辊轧成一片面片。再经过 3~5 对压辊逐道压延到规定的厚度，轧片时要求面片的厚薄和色泽一样，平整光滑、不破边、无破洞和气泡，并应有足够的韧性和强度。头道轧出的面片厚度一般为 6~8 毫米，末道压出的面片厚度为 0.8~1.0 毫米，面片达到规定厚度后，直接导入压条机压成一定规格的湿面条。

⑤烘干：采用隧道式烘干法，将湿面条（含水量 28%~30%）送入隧道式烘房进行烘干，烘房长 55 米，高度为 2.7 米、宽 2.2 米，按 5 个区段进行：

a. 冷风定条区。空气温度 20~25℃左右，相对湿度 85%~95%，时间 36 分钟。

b. 保湿出汗区。空气温度 30~35℃，相对湿度 80%~90%，时间 54 分钟。

c. 升温蒸发区。空气温度 35~40℃，相对湿度 55%~65%，时间 36 分钟。

d. 降温蒸发区。空气温度 30~35℃，相对湿度 60%~70%，时间 2 分钟。

e. 冷却过渡区。空气温度 17~20℃，时间 34 分钟，总烘干时间 3 小时左右。

⑥切断计量、包装：将由烘房出来的干挂面，切成长 240 毫米的成品挂面，计量包装。

（4）产品质量标准

①感观指标：色泽、气味正常，煮后不糊、不浑汤、口感不黏、柔软爽口，熟断条率不超过 5%，不整齐度不超过 15%，其中自然断条率不超过 10%。

②理化指标：水分 12.5%~14.5%，盐分一般不超过 2%，弯曲断条率 <40%。

③微生物指标：细菌总数≤750 个/克，大肠菌群≤30 个/100 克，致病菌不得检出。

5. 燕麦营养乳

（1）原料　燕麦、白糖、蛋白糖、NaOH、单甘酯、蔗糖酯、CMC、乳味香精。

（2）工艺流程

燕麦→烘烤→浸泡→去皮→漂洗→打浆→胶磨→过滤→调配→均质→预热→灌装→高温灭菌→冷却→检验→成品

（3）操作要点

①烘烤：将燕麦清理干净后，在烤箱中烤脆或在锅中炒香，注意及时翻动，以免烤焦。然后将燕麦在清水中浸泡约 12 小时。

②脱皮漂洗：将泡软的燕麦粒用 1.0% 的氢氧化钠水溶液浸泡 5～10 分钟，然后搓洗出燕麦细皮，再用清水冲洗干净。

③打浆：按温水与燕麦粒为 1∶1 的比例混合后，加入打浆机中打成浆液。

④胶磨：用胶体磨将燕麦浆液进行循环胶磨，使其细度达到约 3 微米。

⑤过滤：使用 200 目左右的滤网将燕麦浆液中的纤维、渣、皮等滤出。

⑥调配：按比例加入处理水、白糖、蛋白糖、CMC、单甘酯、蔗糖酯、乳味香精等，混合均匀。

⑦均质：为了改善燕麦乳的口感和稳定性，需对其进行高压均质，采用 70℃、70 兆帕的条件进行均质。

⑧灌装：先将混合料预热至 80℃，以保证产品形成一定的真空度或避免高温灭菌时胀罐。然后根据需要采用玻璃瓶或塑料袋自动灌装机进行灌装，要求封罐严实，并保留一定的顶隙。

⑨灭菌：为了保证产品质量和较长的保质期，需采用高温高压灭菌，选用 121℃、2 千帕、15～20 分钟灭菌。

⑩检验：抽样对产品的感官指标、理化指标及卫生指标进行

检验。

（4）质量指标

①感观指标：色泽：灰白色；滋气味：口味纯正、柔和，有浓郁的燕麦香味，无异味；组织状态：组织细腻、均匀，允许有少量沉淀，无杂质。

②理化指标：蛋白质＞1.0％，总糖＞2.5％，铅（以 Pb 计）≤0.5 毫克/公斤，砷（以 As 计）≤0.5 毫克/公斤，铜（以 Cu 计）≤10 毫克/公斤。

③微生物指标：细菌总数≤100 个/毫升，大肠菌群≤6 个/100 毫升，致病菌不得检出。

6. 即食燕麦粥

（1）原辅料　燕麦米、粳米、变性淀粉、各种粉末状汤料如葱花型、虾酱型、香菇型及甜味型。

（2）生产工艺流程

大米→浸渍→蒸汽加热→冷却→膨化

↓

燕麦→去表皮→粗碎→加热膨化→干燥→冷却→调和→配料→包装→成品

（3）操作要点

①粳米的处理：将粳米用干净水浸渍 1.5~2 小时，捞出沥干，15 分钟后送入蒸汽锅内利用 0.12 兆帕的压力加热 7 分钟，取出稍冷却。将温热米粒通过挤压成型，通过高压加热，使米粒淀粉进一步糊化。适宜的高压加热温度 200℃，挤压时间为 85 秒左右。通过挤压膨化，米条形成细微的空隙。

将膨化米条送入连续切断成型机中，切碎成直径 2 毫米左右的颗粒。然后将膨化米粒送入连续式热风干燥箱中，于 110℃烘干 1 小时左右，至含水量小于 6％，出箱冷却后盛装于密封容器中备用。

②燕麦的处理：将燕麦（含水量小于 6％）利用碾米机磨去表皮，出糠率控制在 3％~5％；然后将麦粒送入离心旋转式粉

碎机中进行粉碎，选择的网筛为 20 目的筛具。制得粗燕麦粉粒，向粗燕麦粒上喷适量的水雾，同时进行搅拌，使其吸水均匀平衡。

将粗燕麦粉直接通过挤压成型机，加热膨化，温度控制在 200℃左右，时间 70 秒，挤出的麦粉条引入连续式切段成型机中，切成米粒大小的颗粒。把膨化燕麦粉粒送入热风干燥箱中，于 110℃温度下烘干至含水量 5% 以下，冷却备用。

③调和、配料：按产品销售地区饮食习惯不同，将上述两种颗粒按一定的比例进行混合。一般膨化米粒与麦粒的比例按 6∶4 混合比较适宜。

④包装：混合颗粒利用聚乙烯袋或铝箔复合袋按 75～90 克不同净重进行密封包装。内配以不同味型的粉末汤料，汤料亦单独小袋密封包装。

（4）食用方法　加入 4 倍开水泡 3～7 分钟即可食用。

（5）成品质量指标

色泽：淡黄色、白色相间；

气味：有燕麦粒烘烤的麦香味，无异味；

质地：口感滑腻，颗粒胀润适度，不散不糊，成半透明状。

7. 燕麦酒

（1）原料　燕麦、麦曲、糖化酶、酵母、中草药。

（2）生产工艺流程

```
            水 麦曲、糖化酶 水、酵母   糁
             ↓      ↓        ↓    ↓
燕麦→浸渍→蒸料→淋冷→入缸→糖化→发酵→压榨→原酒→调配→
均质→包装→杀菌→成品           ↑
                        蜂蜜、药浸液
```

（3）操作要点

①中草药浸出液的制备：选择无霉烂、无异味、无污染、杂质含量小的中草药，利用清水淘洗干净，晾干后碾压破碎，浸泡

于稀释后的 50~60℃的食用酒精中，3 周左右过滤得澄清滤液，即为中草药浸出汁。

②原料清洗、浸渍：燕麦原料需多次清洗，然后浸泡于含碳酸钠 0.2%~0.3%的水中，水面高出麦层 10 厘米左右。浸麦质量标准：用手碾之即破碎成粉状。

③蒸料、淋冷：浸泡好的燕麦用清水冲洗 2~3 次，放入蒸锅内，加适量的水，先预煮 5 分钟左右，再沥干水分，常压蒸 50~60 分钟，蒸好的料要求熟而烂，疏松不糊，均匀一致。

④拌曲、入缸：以干燕麦计，拌入麦曲 0.6%~0.8%，5 万单位活力的糖化酶 0.1%，搅拌后入缸搭锅，在表面撒少许麦曲，缸口加盖，以保温。

⑤糖化、发酵：在 30~32℃温度下糖化 22~24 小时，锅内有淡黄色糖液，闻之有轻微醇香，待糖液占锅体积约 1/3 时，冲入干麦量 1.5 倍左右的水，接入 0.3%已经活化的活性干酵母，进行发酵。发酵期间主要控制温度，当温度上升至 33~34℃时，要开耙降温，以后每隔一定时间开耙一次，控制品温不超过 30~31℃。经 42~48 小时，发酵即结束。

⑥压榨、调配：将发酵好的酒醪进行压榨，得到原酒，然后调配入蜂蜜，中草药浸汁，浸汁液添加量为 3%。

⑦均质、包装、杀菌：经过压榨的酒液中还含有少量的淀粉、糊精、蛋白质等大分子物质，在成品贮存过程中亦出现沉淀分层而影响酒的外观质量，可采取二次均质的方法使酒液充分乳化，两次均质的压力均为 20~25 兆帕，均质后立即进行灌装，然后置于 85~90℃的热水浴中杀菌 30 分钟，杀菌结束后经过冷却即为成品。

（4）成品质量指标

①感官指标：呈淡黄色半透明，质地均一，酸甜适宜，具有独特淡雅的药香蜜香。

②理化指标：酒度 8%~9%，糖度 9%~10%，总酸

≤0.5%。

③微生物指标：细菌数 ≤100 个/毫升，大肠菌数 ≤ 3 个/100 毫升，致病菌不得检出。

8. 即食燕麦片

燕麦片是西方很普遍的食品，特别是现代文明病出现后，食用燕麦片及燕麦食品更是流行起来，这是由于燕麦片中含有丰富的特殊的营养成分的原因。燕麦片作为优质保健食品，能有效防治结肠癌、便秘、静脉曲张、静脉炎、痔疮等疾病。

燕麦原粮有二种：一种是带壳燕麦，另一种是不带壳燕麦，因而它们的加工方法也不同。

国外的品种一般为带壳燕麦，其加工工艺一般为：

壳燕麦原粮→清理→脱壳→谷壳分离→壳麦与麦仁粒分离→净脱壳燕麦→热处理→碾皮→切粒→蒸煮→轧片→干燥→成品。

国产燕麦主要为不带壳燕麦，又称裸燕麦或莜麦，是我国特有的古老燕麦品种。下面主要介绍裸燕麦的生产工艺。

（1）生产工艺流程

裸燕麦→多道清理→碾皮→清洗→甩干→灭酶热处理→切粒→汽蒸→压片→干燥和冷却→包装→成品。

（2）操作要点

①清理：燕麦的清理过程与小麦相似，一般根据颗粒大小和密度的差异，经过多道清理，方能获得干净的燕麦，通常使用的设备有初清机、振动筛、去石机、除铁器、回转筛、比重筛等。在原料清理中，由于杂质和灰尘较多，应配置较完备的集尘系统。

②碾皮增白：从保健角度看，燕麦麸皮是燕麦的精华，因为大量的可溶性纤维和脂肪在麸皮层。碾皮的目的是为了增白和除去表层的灰尘，但不能像大米碾皮增白一样除皮过多。

③清洗甩干：国外生产燕麦片通常使用皮燕麦，经脱壳后的净燕麦比较清洁，一般不需要进行清洗。我国使用的裸燕麦，表皮较脏，即使去皮也必须清洗才能符合卫生要求。

④灭酶热处理：这是燕麦加工中特别重要的工序。燕麦中含有多种酶，尤其脂肪氧化酶。若不进行灭酶处理，燕麦中的脂肪就会在加工中被氧化，影响产品的品质和货架期。加热处理既可以灭酶，又使燕麦淀粉糊化和增加烘烤香味。进行热处理的温度不低于90℃，这一工序的专用设备比较庞大，国内无此专用设备，但可用远红外线加热设备取代。一般的滚筒烘烤设备也可使用，但温度较难控制。

加热处理后的燕麦必须及时进入后工序加工或及时强制冷却，防止燕麦中的油脂氧化，降低产品质量。

⑤切粒：燕麦片有整粒压片和切粒压片。切粒压片是通过转筒切粒机将燕麦粒切成 1/2～1/3 大小的颗粒。切粒压片的燕麦片其片形整齐一致，并容易压成薄片而不成粉末。专业的切粒机，目前国内没有生产，需要进口。

⑥汽蒸：汽蒸的目的有三个：一是使燕麦进一步灭酶和灭菌；二是使淀粉充分糊化达到即食或速煮的要求；三是使燕麦调润变软易于压片。

⑦压片：蒸煮调润后的燕麦通过双辊压片机压成薄片，片厚控制在 0.5 毫米左右，厚了煮食时间长，太薄产品亦碎。压片机的辊子直径大些较好，一般要大于 200 毫米。

⑧干燥和冷却：经压片后的燕麦片需要干燥将水分降至10%以下，以利于保存。燕麦片较薄，接触面积大，干燥时稍加热风，甚至只鼓冷风就可以达到干燥的目的。燕麦片干燥之后，包装之前要冷却至常温。

⑨包装：为提高燕麦片的保质期，一般采用气密性能较好的包装材料。如镀铝薄膜、聚丙烯袋、聚酯袋和马口铁罐等。

9. 燕麦营养粉

燕麦营养粉是以高蛋白裸燕麦为主要原料，辅加大豆、白砂糖、胡麻、芝麻、大麻、小茴香等，通过科学配方、加工精制而成。

（1）原料　燕麦、大豆、白砂糖、胡麻、芝麻、大麻、小茴香。

（2）生产工艺流程

原料精选→去皮→清洗→蒸煮、烘炒→粉碎→磨粉→配料→包装→成品。

（3）操作要点

①去皮、脱茸毛、清洗：以裸燕麦为主要原料，由于其籽粒上包被有绒毛，可采用立式塔型砂碾米机对其进行处理。每小时可处理裸燕麦 120～130 公斤。通过处理可完全脱去燕麦籽粒上的茸毛，并可脱去约 5% 的皮。将经过上述处理的燕麦粒用清水进行清洗，以去除其他杂质。

②蒸煮、烘炒：蒸煮和烘炒是燕麦熟化，即彻底 α 化的两个重要步骤，同时也起灭菌的作用。通过两个环节，主、辅料可完全熟化，并能快速杀灭其酶的活性，减少酶分解产物，克服异味。如果有条件可采用膨化机进行膨化代替上述处理，其效果会更好。

③磨粉、配料：蒸煮、烘炒后的主、辅料按一定的比例进行调配后，通过磨面机进行磨制，细度要求达到 80 目以上。

④包装：采用软塑料复合包装袋进行包装，将磨制好的燕麦粉分装成 250 克或 400 克包装，然后利用封口机封口即为成品。

10. 莜面茶

（1）原料配方　莜面 500 克、麻油 50 克、芝麻、杏仁、精盐各少许。

（2）制法

①将芝麻去掉杂质，清洗干净晾干。杏仁泡软去皮。

②将炒锅置火上，加入麻油烧热，把莜面、芝麻、杏仁放入锅内，用小铲不断翻炒，待把莜面炒呈微黄色，面香味明显溢出，即成为茶面。

③将锅置火上，加入清水 5 000 克，再加入适量精盐，把茶

面用凉水先搅成稀糊，倒入锅内，用手勺搅匀熬煮片刻即成。

（3）特点　咸香适口，风味独特。

（4）制作关键　炒茶面火候不宜过大，防止炒糊。熬莜面茶，可根据食用情况加水，一般一中碗面茶用茶面 50 克，配水 490 克。食盐用量根据食者口味而定。

二、荞麦食品的加工

（一）原料特性

荞麦营养丰富，食用价值高。根据国内外研究结果表明，荞麦籽粒除含 70% 的淀粉以外，蛋白质含量为 10.3%～13.9%，具有良好的可溶性，既有水溶性清蛋白，又有盐溶性球蛋白，这两种蛋白质的含量占总蛋白质的 50% 以上，尤其是荞麦中人体所必需的 8 种氨基酸齐全，比例适当，与鸡蛋和牛奶中的蛋白质接近。其中谷氨酸含量 15% 以上，组氨酸 2%～2.3%，赖氨酸在 5%～6% 以上，精氨酸和天门冬氨酸达 8%～9% 以上。荞麦中的维生素、脂肪以及各种矿质营养元素充足，还含有多种对人体有益的无机盐和微量元素等，具有促进人体生长发育、养血健身之功效。

荞麦是良好的食用性药物。据《本草纲目》记载，荞麦"实肠胃、益气力、续精神，能炼五脏滓秽。""作饭食，压丹石毒，甚良。""以醋调粉，涂小儿丹毒赤肿热疮。""降气宽肠、磨积滞，消热肿风痛，除白浊、白带、脾积泄泻。以砂糖水调炒面二钱服，治痢疾。炒焦，热水冲服，治绞肠沙痛。"

荞麦中含有大量芦丁、槲皮素及其他黄酮类物质。芦丁可防治毛细血管脆弱性出血引起的脑出血、肺出血、脑膜炎、腹膜炎、胃炎等。

甜荞含有多种有益人体的无机元素，不但可提高人体内必需元素的含量，还有保肝肾功能、造血功能及增强免疫功能，达到强体、健脑、美容、提高智力、保持心血管正常、降低胆固醇的效果。铜能促进铁的利用，人体内缺铜会引起铁的不足，导致营养性贫血。故食用荞麦有益于贫血病的防治。荞麦还含有其他粮食稀缺的硒，有利于防癌。甜荞还含有较多的胱氨酸和半胱氨酸，有较高的放射性保护特性。

苦荞中的脂肪酸，多为不饱和的油酸和亚油酸，油酸在人体中合成花生四烯酸，它是降低血压、合成对人体生理调节机能起重要作用的前列腺素和脑神经的重要成分；荞麦中的苦味素，是清热、降火、健胃的疗效成分。另外，苦荞中磷的含量显著高于大米和小麦面粉，是儿童生长和智力发育必不可少的元素。钙、镁元素在扩张血管、抗栓塞、降低血脂胆固醇方面有重要意义。

（二）荞麦食品的加工技术

1. 荞麦面包

荞麦面粉面筋含量少，含有大量淀粉，所以不宜制作面包，但以荞麦粉作为添加粉制成的面包不仅具有荞麦特殊的风味，而且营养价值大大提高。

（1）原料配方　小麦粉400克、荞麦粉100克、脱脂乳10克、起酥油20克、酵母6克、食盐7.5克、糖20克、水350克。

（2）工艺流程

原辅料处理→计量比例→面团的调制→面团的发酵→面团的二次调制→面团的二次发酵→分块、静置→整形→醒发→烘烤→冷却→包装

（3）操作要点

①原辅料选择与处理：小麦粉选用湿面筋含量在35%～45%之间的硬麦粉，最好是新加工后放置2～4周的面粉；荞麦粉选用当年产的荞麦磨制，且要随用随加工，存放时间不宜超过2周。使用前，小麦粉、荞麦粉均需过筛除杂、打碎团块；食盐、糖需用开水化开，过滤除杂；奶粉需加适量水调成乳状液；

酵母需放入 26～30℃ 的温水中，加入少量糖，用木棒将酵母块搅碎，静置活化，鲜酵母静置 20～30 分钟，干酵母时间要长些；水选用洁净的硬度中等、微酸性的水。

②面团的调制及发酵：将称好的小麦粉和荞麦粉混合均匀，从中称取 50% 的混合粉备用。调粉前先将预先准备的温水的 40% 倒入调粉机，然后投入 50% 的混合粉和全部活化好的酵母液，一起搅拌成软硬均匀的面团。将调制好的面团放入发酵室进行第一次发酵，发酵室温度 28～30℃，相对湿度控制在 75% 左右，发酵 2～4 小时，其间掀分 1～2 次，发酵成熟后再进行第二次调粉。

③面团的二次调制及发酵：把第一次发酵成熟的种子面团和剩余的原辅料（除起酥油外）在和面机中一起搅拌，快要成熟时放入起酥油，继续搅拌，直至面团温度为 26～38℃，且面团不粘手、均匀有弹性时取出，放入发酵室进行第二次发酵。发酵温度 28～32℃，经 2～3 小时即可成熟。发酵成熟判断，可用手指轻轻插入面团内部，再拿出后，四周的面团向凹处周围略微下落，即标志成熟。

④分块、静置：将发酵成熟的面团切成 150 克重的小面块，搓揉成表面光滑的圆球形，静置 3～5 分钟。

⑤整形：将揉圆的面团压薄、搓卷，再做成所需制品的形状。

⑥醒发：将整形后的面包坯，放入醒发室或醒发箱内进行发酵。醒发室温度 38～40℃，相对湿度 85% 左右，醒发 55～65 分钟，待其体积达到整形后的 1.5～2 倍，用手指在其表面轻轻一按后，能慢慢起来，表示醒发完毕，应立即进行烘烤。

⑦烘烤：面包醒发后立即入炉烘烤。先用上火 140℃，下火 260℃ 烤 2～3 分钟，再将上下火均调到 250～270℃ 烘烤定型，然后将上火控制在 180～200℃，下火控制在 140～160℃ 继续烘烤，总烘烤时间为 7～9 分钟。

⑧冷却、包装：面包出炉后立即自然冷却或吹风冷却至面包中心温度为36℃左右，及时包装。

（4）质量指标

①感观指标：

a. 色泽：表面呈暗棕黄绿色，均匀一致，无斑点，有光泽，无烤焦和发白现象。

b. 表面状态：光滑、清洁、无明显散粉粒，无气泡、裂纹、变形等情况。

c. 形态：符合要求，不粘边。

d. 内部组织：从断面看，气孔细密均匀，呈海绵状，富有弹性，不得有大孔洞。

e. 口感：松软适口，无酸、无黏、无牙碜感，微有苦荞麦特有的清淡苦味，无未溶化的糖、盐等粗粒。

②理化指标：

a. 水分：以面包中心部位为准，34%～44%。

b. 酸度：以面包中心部位为准，不超过6度。

2. 荞麦饼干

荞麦饼干是一种新型的营养、保健饼干，它酥脆、适口，适合糖尿病、高血脂患者食用，也适合中老年人及儿童食用。

（1）原料配方　荞麦淀粉990克、糖1 200克、起酥油740克、起发粉40克、食盐25克、脱脂奶粉78克、羧甲基纤维素钠（CMC-Na）84克、水1 000克、全蛋750克。

（2）工艺流程

原辅料处理→计量配比→面团调制→辊轧→成型→烘烤→冷却→检验→包装

（3）操作要点

①荞麦淀粉的制作：用荞麦与水配比为1∶24的水量浸泡荞麦20小时后，换水再浸泡20小时，然后捞出荞麦磨碎，过220目的筛后沉淀24小时，除去上部清液，再加水沉淀后过80目的

细包布，最后干燥粉碎过筛，制得荞麦淀粉，备用。

②面团的调制：先将称好的原辅料荞麦淀粉、糖、起酥油、起发粉、食盐、脱脂奶粉倒入和面机中搅拌混合45分钟，再加入预先用100克水溶解5.2克羧甲基纤维素钠水溶液，搅拌5分钟，面团即可调成。

③辊轧成型：将调制好的面团送入饼干成型机，进行辊轧和冲印成型。为防止面带粘轧辊，可在表面撒少许面粉或植物油。辊轧使面团的压延比不要超过1∶4，为了避免面带表面粗糙、粘模型。

④烘烤：将成型后的饼干放入转炉，烘烤温度控制在275℃，烘烤15分钟。

⑤冷却、包装：烘烤结束后，采用自然冷却或吹冷风的方法，冷却到35℃左右，经挑拣后包装即为成品。

（4）产品特点

形态：比同质量的小麦面粉饼干的体积小，中心稍下陷。

质地：颗粒较硬，内部结构潮湿带有韧劲。

色泽：表面浅棕色、饼干心呈深暗色。

3. 荞麦蛋糕

（1）原料配方　荞麦粉200克、小米粉300克、小麦粉500克、鸡蛋1 000克、白糖1 000克、蛋糕油、葵花油、蛋白糖、香兰素、精盐各少许。

（2）工艺流程

原材料处理→打蛋→调制面蛋糊→注模成型→焙烤→冷却→检验→包装

（3）操作要点

①原材料处理：将荞麦、小米洗净，浸泡3小时，晾干、粉碎备用。将3种面粉分别过筛，要求全部通过CB30号筛绢，除去粗粒和杂质，并使面粉中混入一定的空气，以使制成的蛋糕疏松。

②打蛋：先将蛋液、白糖、蛋白糖放入打蛋机中，用中速打至白糖溶化开后，放入蛋糕油，快速搅拌几秒钟，徐徐加入总量1/3的水，继续搅拌几秒钟，再将总量1/3的水徐徐加入搅拌3秒钟，再将剩余的水加入。然后将香兰素、食盐、荞麦粉、小米粉加入打蛋机中，搅打几秒钟。搅打好的蛋糊表面微白而有光泽，泡沫细腻，均匀，体积膨胀为原来的2倍左右；用手拈取末端呈尖锋，弯曲手指尖锋也随着弯曲。

③调制面糊：将小麦粉徐徐加入蛋糊中，边加入边搅拌均匀。调制好的面糊应立即使用，不宜存放过久。否则，面糊中的淀粉粒以及糖易下沉，使烤制的蛋糕组织不均匀。

④注模：将蛋糕模刷上葵花油，用勺将蛋糕糊注入蛋糕模具中，注入量为模容积的2/3，之后立即入炉烘烤。

⑤烘烤：将远红外电烤箱升温至200℃，关掉顶火，放入模具8秒后关掉底火，打开顶火，烘烤至蛋糕表面呈棕黄色。然后将其表面刷上葵花油。

⑥冷却、包装：将蛋糕脱模，自然冷却至室温，然后包装。

（4）产品质量指标

形态：形态丰满，规格一致，薄厚均匀，不鼓顶，不塌陷。

色泽：呈棕黄色，内部呈浅灰白色。

组织：起发均匀，无大孔洞。有弹性，不黏，无杂质。

口感：松软，有到口就化的感觉。蛋白味浓，无异味。

保质情况：贮存2周后质地无变化。

4. 荞麦方便面

（1）原料配方　小麦粉100公斤、水33公斤、盐3公斤、荞麦粉若干、纯碱若干。

（2）工艺流程（以油炸为主）

小麦粉、荞麦粉＋盐＋纯碱＋水→和面→熟化→轧片切条→成型→蒸面→切断、折叠→油炸→冷却→包装

（3）操作要点

①和面：将配料中的原辅料全部加入调粉机内，加入小麦粉重量33%的水，在25~30℃的温度下，调粉10~15分钟，调粉机转速为12~15转/分钟。

②熟化：在调粉机转速为8转/分钟的缓慢搅拌下，时间为10~15分钟，温度为25℃。

③轧片：熟化之后的面团，在辊轧直径300毫米，转速为10转/分钟，轧薄率50%的复合轧片机内，辊轧成4毫米的面带。

④成型：在线速比$V_1/V_2 = 6~8$的成型机内成型。

⑤蒸面：在蒸汽压力为0.15~0.2兆帕的蒸面机内，蒸熟时间为90~120秒，蒸熟温度为90~105℃，糊化程度为85%以上。

⑥切断折叠：以成品重量200克为标准。

⑦油炸、冷却：在油炸设备内，要求油温为140~150℃，时间为7~8秒，油位距离为160毫米，含水量在10%以下。室温条件下冷却3分钟。

⑧包装：包装时要求纵向密封温度为140~150℃，横向密封温度为150~160℃。

（4）质量指标

①感官指标：色泽正常，均匀一致；具有荞麦粉的特殊气味，无霉味、哈味及异味；煮（泡）3~5分钟后不夹生，不牙碜，无明显断条。

②理化指标：水分<10%；酸值（以脂肪酸含量计）<1.8%；糊化程度85%；复水时间3分钟；盐2%；含油20%~22%；过氧化值（以脂肪含量计）≤0.25%。

5. 荞麦挂面

（1）原料配方　荞麦粉30%~50%、小麦粉50%~70%、复合添加剂（魔芋微细精粉：瓜尔豆胶：黄原胶 = 3：3：2）

0.5%~1.5%。

（2）工艺流程

原辅材料选择→计量配比→预糊化→和面→熟化→复合压延→切条→干燥→切断→计量→包装→成品

（3）操作要点

①原料选择：小麦粉要求品质为：硬质冬小麦粉达到特一级标准，湿面筋含量达到35%以上，粗蛋白质含量12.5%以上。荞麦粉要求品质为：粗蛋白≥12.5%，灰分≤1.5%，水分≤14%，粗细度为全部能过 GB30 号筛绢。荞麦粉要随用随加工，存放时间以不超过2周为宜。

②预糊化：将称好的荞麦粉放入蒸拌机中边搅拌边通蒸汽，控制蒸汽量、蒸汽温度及通汽时间，使荞麦粉充分糊化。一般糊化润水量为50%左右，糊化时间10分钟。

③和面：将小麦粉与复合添加剂充分预混后加入到预糊化的荞麦粉中，用30℃左右的自来水充分拌和，调节含水量至28%~30%，和面时间约25分钟。在确定加水量之前，还要考虑原料中粗蛋白质、水分含量的高低。小麦为硬质麦时，原料吸水率高，加水量要相应高一些。

④熟化：面团和好后放入熟化器熟化20分钟左右。在熟化时，面团不要全部放入熟化器中，应在封闭的传送带上静置，随用随往熟化器中输送，以免面团表面风干形成硬壳。

⑤复合压延：影响滚压的主要因素是压延比和压延速率。一般控制第一道压延比为50%，以后的3~6道压延比依次为40%、30%、25%、15%、10%。面片厚度由4~5毫米逐渐减薄到1毫米。轧辊的转速过高，面片被拉伸速度过快，易破坏面筋网络结构，光洁度也差。转速低，影响产量。一般在20~35米/分钟。

⑥切条：经辊轧形成的一定厚度的面带按规定的宽度纵向切线，形成细丝状、宽带状、带状面条，再按规定的长度截断，并由挂杆自动挑起进入干燥室内烘干。

⑦烘干：首先低温定条，控制烘干室温度为 18～26℃，相对湿度为 80%～86%，接着升温至 37～39℃，控制相对湿度 60% 左右进行低温冷却。

⑧切断、包装：挂面干燥出房后送包装房冷却至 15～25℃，切成长 180～260 毫米段。称量后包装。

（4）产品质量指标

①感观指标：

a. 色泽：暗黄绿色；气味：无霉、酸、碱味及其他异味，具有荞麦特有的清香味。

b. 熟调性：煮熟后不糊，不浑汤，口感不黏，不牙碜，柔软爽口，熟断条率 <10%，不整齐度 <15%，其中自然断条率 <8%。

②理化指标：

a. 水分：12.5%～14.5%。

b. 脂肪酸值（湿基）≤80。

c. 盐分：2%～3%。

d. 弯曲断条率≤40%。

6. 苦荞速食面

（1）原料配方　苦荞麦粉30%～50%、小麦粉50%～70%、葛根提取液、改良剂及调味剂（羧甲基纤维素钠 0.4%、粗盐、碱、味精）。

（2）工艺流程

原辅料处理→搅拌和面→熟化→复合压片→切条→高压蒸煮熟化→干燥→冷却→包装

（3）操作要点

①葛根提取液的制备：采用多次碱提取的方法，提取葛根中的总黄酮，这样总黄酮提取率高，且成本低，后处理简单。

②增稠剂的选择：通过多次试验比较，羧甲基纤维钠（CMC-Na）较海藻酸钠更适合于作苦荞增稠剂，其添加量为 0.4% 时，产品性状最佳，即成型性好。

③搅拌和面：将改良剂、调味剂分别用少量水溶化配成溶液。然后将原料粉倒入和面机，边搅拌边加入葛根提取液、改良剂和调味剂溶液及 20℃ 的水和面。控制在总加水量为原料的 30% 左右，和面时间大约 25 分钟。

④熟化：面团和好后，置于熟化器中，保持面团温度 20～30℃，静置 30 分钟左右。

⑤辊轧、切条：将熟化好的面团先通过轧辊压成 3～4 毫米厚的面带，再反复压延 3 次，最后将面带厚度压延至 1 毫米左右，用切条器切成 1.8 毫米宽，长 240 毫米的面条。

⑥蒸煮熟化：采用高压热蒸汽蒸煮工艺，即 0.1 兆帕、120℃ 的热蒸汽蒸煮 2 分钟，使内部淀粉也能受到热糊化，可获得良好效果。

⑦干燥冷却、包装：采用 35℃ 的低温烘干可降低面条落地率，提高面条质量，烘干后冷却至室温即可包装。

（4）产品特点

①色泽：暗黄绿色，复水后呈黄绿色，外观光洁，色泽一致。

②气味：有苦荞麦特有的清淡苦味。

③水分≤13.5%，灰分≤1.2%。

④自然断条率≤10%。

7. 荞麦酸奶

（1）材料　荞麦粉、鲜牛奶、蔗糖、稳定剂（耐酸 CMC、果胶、卡拉胶、黄原胶）、嗜热链球菌（St）、保加利亚乳杆菌（Lb）。

（2）工艺流程

荞麦粉→烘焙→荞麦浆、稳定剂

↓

鲜牛奶＋蔗糖→调配→预热→均质→杀菌→接种发酵→冷藏→无菌灌装→成品　　　　　　　　　　　　　　　↑

菌种→活化→母发酵剂→生产发酵剂

（3）操作要点

①荞麦浆的制备：将荞麦粉置于锅中焙炒至有香味产生，用沸水冲调至浆状，再进行糊化、灭菌处理。

②调配、均质：将制得的荞麦浆和鲜牛奶按一定比例混合，并加入适量的蔗糖、水及稳定剂进行调配、混匀，过120目尼龙网除去杂质，再将混合液预热55℃左右，在压力20兆帕下进行微细化处理。

③杀菌：杀菌温度105℃，维持20分钟，杀死混合液中的有害微生物，且使各种成分进一步混匀。

④接种、发酵：灭菌后的料液经热交换器冷却至40～45℃，在无菌操作条件下按3%的量接种生产发酵剂。混合菌种组成为：St∶Lb＝1∶1，然后在41℃±1℃的恒温箱培养5小时，酸度达85～95T°。

⑤冷藏：将发酵凝固的荞麦酸奶立即放入4℃以下的冷库中保藏12小时，使风味进一步形成。

（4）质量指标

①感官指标：色泽均匀一致，呈暗白色；外观分布均匀，无分层、无气泡及沉淀现象；口感具有良好的荞麦烘炒香味和乳酸菌发酵酸奶香味，无异味，酸甜适度，口感细腻。

②理化指标：脂肪3%；全乳固体12%～13%；酸度70～110 T°；蔗糖5%；汞（以 Hg 计）≤0.01毫克/公斤。

③微生物指标：细菌总数≤100 个/毫升；大肠菌群≤90 个/100 毫升；致病菌未检出。

8. 苦荞麦茶

（1）工艺流程

苦荞麦→清洗→蒸煮→烘干→焙烤→破碎→浸提→过滤→调配→杀菌→灌装→成品

（2）操作要点

①清洗：将苦荞麦进行多次水洗，除去附着其中的沙土、杂

物等。

②蒸煮：按苦荞麦∶水＝1∶1.2～1.5的比例，浸泡12小时，100℃蒸煮30分钟，使苦荞麦淀粉充分糊化。

③烘干：将蒸煮后的苦荞麦在60～70℃条件下，热风干燥约8分钟，至含水量18%左右。

④焙烤：180℃焙烤约5～10分钟，至苦荞麦表面（脱皮后）出现焦黄色。

⑤破碎：将焙烤后的苦荞麦破碎，破碎粒度以18～40目为宜。

⑥浸提：采用60～70℃温水，按苦荞麦∶水＝1∶10～15的比例，浸提30～60分钟。

⑦过滤：将浸提液粗滤后，再进行精滤或超滤。

⑧调配：用低热值甜味剂阿斯巴甜调甜度，使其甜度相当于蔗糖含量8%～10%，加柠檬酸0.1%～0.2%，调pH4.0。

⑨杀菌：加热至80℃，趁热灌装于瓶中，用于85～90℃热水中保温20～30分钟。

（3）质量指标

①感官指标：色泽金黄色；口味及气味：具有苦荞麦经烘焙后特有的焦香味，酸甜适口，无异味；组织状态：清澈透明，无沉淀，无异物。

②理化及卫生指标：砷＜0.5毫克/升；铅＜1.0毫克/升；铜＜1.0毫克/升；细菌总数＜100个/毫升；大肠菌群＜3个/100毫升，致病菌不得检出；食品添加剂符合国家标准。

9. 荞麦醋

（1）原料配方（配比）

苦荞粉100；麸曲50；醋酸菌种子（新鲜醋醅）30；麸皮105；酒母液10；食盐2～5；谷糠125；水500～600。

（2）工艺流程

```
        麸酒麸水         麸谷
        曲母皮         皮糠         食盐
          ↓           ↓           ↓
```

苦荞麦→粉碎→稀醪糖化、酒精发酵→固态醋酸发酵→醋醅陈酿→

淋醋→灭菌→灌装→成品

（3）操作要点

①稀醪糖化、酒精发酵：将苦荞粉与麸皮、麸曲、酒母液放入缸内，加水（35℃）拌匀，并使水温保持在30℃左右，经24～26小时后搅拌1次，有少量气泡产生，以后每天最少搅拌2次，经5天后醪液为淡黄色，用塑料薄膜密闭缸口，使其酒化3～5天，醪液开始澄清，酒度达6～7度。

②固态醋酸发酵：酒精发酵后，拌入谷糠，再加上醋酸菌种子（新鲜醋醅）进入醋酸发酵阶段。此时室温保持28℃，第三天品温上升到38～39℃，进行循环淋浇使品温降至34～35℃，这样"以温定浇"，保持品温不超过38～39℃，每天进行1次，经10天左右测酸度达到5度，倒醅1次，后继续进行醋酸发酵，淋浇保持品温到22～23℃，酸度达7度，即发酵结束。

③下盐：醋酸发酵结束后，待品温下降至35℃左右时，拌入2%～5%的食盐，以抑制醋酸菌的生长，避免烧醅等不良现象发生，下盐后每天倒醅1次，使品温接近于室温，下盐后的第二天即可淋醋。

④淋醋：将醋醅放在淋缸中，加二淋醋超过醋醅10厘米左右，浸泡10～16小时，开始放醋，初流出的浑浊液可返回淋醋缸，至澄清后放入贮池。头淋醋放完，用清水浸泡放出二淋醋备用。淋醋后醋醅中的醋酸残留量以不超过0.1%为标准，或当醋液醋酸含量降到5克/100毫升时为止。

⑤陈酿：醋液陈酿有两种方法，一是醋醅陈酿（先贮后淋）下盐成熟醋醅在缸内砸实，食盐盖面，塑料薄膜封顶，15～20

天后倒醅 1 次，再行封缸，一般放一个月左右即可淋醋，这种方法在夏季易发生烧醅现象而不宜采用。二是成品陈酿（先淋后贮）将新醋放入缸内，夏季 30 天，冬季两个月以上，但这种方法要求酸度 5.5 度以上为好，否则也会变质。

⑥装瓶：醋液陈酿后，加热灭菌灌装。灭菌温度 80～90℃，并在醋液中加 0.05%～0.1% 的苯甲酸钠，以免生霉。

（4）质量指标

①感官指标：醋液呈棕红色，具有苦荞麦特有的香气，酸味柔和，回口略带涩味，体态澄清无沉淀，无醋鳗。

②理化指标：总酸（以醋酸计）4～5 克/100 毫升；氨基酸态氮（以氮计）≥0.30 克/100 毫升；还原糖（以葡萄糖计）≥2.0 克/100 毫升。

③卫生指标：符合国家 GB18187—2000 卫生标准。

（5）产品特点　苦荞麦香醋风味独特，更具有营养、保健价值。

10. 苦荞凉粉

（1）原料　苦荞淀粉 1 000 克、水 6 500 克、白矾 4 克。

（2）工艺流程

　　　　　　水、白矾　开水
　　　　　　　↓　　　　↓
苦荞淀粉制备→调糊→冲熟→冷却→成形→成品

（3）操作要点

①苦荞淀粉的制作：用清水将苦荞麦浸泡至软，捞出洗净，研磨成浆，再用细筛过筛去渣，然后将苦荞浆水洗沉淀后，去除表面清水，加清水搅和继续沉淀后，取出晾干，即为苦荞淀粉。

②调糊：每 1 000 克淀粉加入 40℃ 的水 2 000 克，明矾 4 克，调和均匀。

③冲熟：将 4 500 克 100℃ 的沸水快速冲入制好的淀粉糊内，

边冲边搅拌，使之均匀受热糊化。

④冷却成型：将冲熟的淀粉倒入容器内，刮平表面，待冷却后取出用刀按规格分割成块即可。

（4）产品特点　色泽黄绿色，表面有光泽；形态块状整齐，表面平整；质地均匀，细腻光滑，略显透明；食用时加佐料。

三、大麦食品的加工

（一）大麦的特性

大麦是世界上最古老，分布最广泛的重要谷类作物之一，播种面积和总产量仅次于小麦、水稻、玉米，居第四位。因其耐寒、耐瘠、抗旱，在盐碱地区、旱坡、丘陵、干旱半干旱地区当作抗旱作物栽培。

栽培大麦分为皮大麦（带壳）和裸大麦（无壳的）等类型，农业生产上所称的大麦是指皮大麦，裸大麦在不同地区有元麦、青稞、米大麦的俗称。

据分析，每 100 克大麦的营养成分为：粗蛋白 13 克、脂肪 1.5 克、可利用糖类 75 克、粗纤维 0.5 克、热量 1 380.72 千焦、矿物质钙 15 毫克、磷 200 毫克、铁 1.5 毫克、钠 4 毫克、钾 180 毫克，灰分 0.9 克，维生素 B_1 0.09 毫克、维生素 B_2 0.03 毫克、维生素 B_6 0.25 毫克，水分 13 克。随品种不同其营养成分含量也有所不同。

（二）大麦食品的加工技术

1. 大麦面包

大麦的籽粒蛋白质含量较高，营养全面，但大麦制作酵母发酵的面包时，大麦粉的效果不如小麦粉理想。因大麦中缺少面筋，并且可溶性纤维的持水性较高。所以大麦粉和小麦粉混合制作面包，可增加产品风味和提高面包的营养价值。

（1）原料配方　大麦粉 2 公斤、小麦粉 3 公斤、酵母 100 克、白砂糖 250 克、食盐 100 克、起酥油 200 克。

（2）生产工艺流程

原辅料处理→面团调制→面团发酵→分块、搓圆→中间发酵→整形→醒发→烘烤→冷却→包装→成品

（3）操作要点

①原辅料处理：分别按面包原辅料要求，选用优质小麦粉、大麦粉及其他辅料，按面包生产的要求处理后，再按配方比例称取原辅料。

②面团调制：将全部卫生、质量合格，并经过预处理过的糖、食盐等制成溶液倒入调粉机内，再加适量水，一起搅拌 3～4 分钟后，倒入全部面粉（包括小麦粉和大麦粉）、预先活化的酵母液，再搅拌几分钟后，加入起酥油，继续搅拌到面团软硬适度，光滑均匀为止，面团调制时间为 40～50 分钟。

③面团发酵：将调制好的面团置于 28～30℃，相对湿度为 75%～85% 的条件下，发酵 2～3 小时，至面团发酵完全成熟时为止。发酵期间适时揿粉 1～2 次，一般情况下，当用手指插入面团再抽出时，面团有微量下降，不向凹处流动，也不立即跳回原状即可将左边的面团向右边翻动，右边的面团向左边翻动，要求全部面团都能揿到、揿透、揿匀。

④切块、搓圆：将发酵成熟后的面团，切成 350 克左右的小块，用手工或机械进行搓圆，然后放置几分钟。

⑤中间发酵：将切块、搓圆的面包坯静置 3～5 分钟，使其轻微发酵，便可整形。

⑥整形：将经过中间发酵的面团压薄、搓卷，再做成各种特定的形状。

⑦醒发：将整形好的面包坯放入预先刷好油的烤盘上，将烤盘放在温度为 30～32℃，相对湿度为 80%～90% 的醒发箱中，醒发 40～45 分钟，至面团体积增加 2 倍时为止。

⑧烘烤：将醒发后的面团放入烘烤箱中，在 180~200 ℃ 的温度下，烘烤 10~15 分钟，即可出炉。

⑨冷却、包装：将出炉的熟面包立即出盘进行冷却，使面包中心部位温度降至 35~37℃，即可进行包装，包装时要形态端正，有棱有角，包装纸不翘头、不破损。

（4）成品质量指标

色泽：表面呈深黄褐色，均匀无斑、略有光泽。

状态：表面清洁光滑、完整、无裂纹、无变形等，变色低，无毛边。

质地：断面气孔细密均匀，呈海绵状，手压富有弹性。

口感：松软适口，具有大麦的清香味。

2. 大麦饼干

（1）原料配方　大麦粉 1 000 克、奶油 600 克、红糖 500 克、糕点粉 1 500 克、食盐 20 克、鸡蛋 150 克、香兰素 28 克、焙烤粉 60 克、碳酸氢钠 30 克、牛奶 60 克。

（2）生产工艺流程

原辅料预处理→面团调制→辊轧→成型→烘烤→冷却→包装→成品

（3）操作要点

①原辅料预处理：将糕点粉、焙烤粉、碳酸氢钠和大麦粉分别过筛，按配方比例称出备用。将奶油、红糖和食盐放入浆式搅拌机内，低速搅打 15~20 分钟，然后加入鸡蛋、牛奶和香兰素，再低速搅拌至物料完全混合均匀为止，备用。

②面团调制：将称好的糕点粉、焙烤粉和碳酸氢钠先混合均匀，然后再加入处理好的大麦粉，最后加入前面搅拌好的浆液和面，揉成软面团。

③辊轧成型：将和好的面团放入饼干成型机，进行辊轧成型。面团较软，成型时，在面带表面上洒少许植物油，以防面带粘轧辊。

④烘烤：将成型好的饼干放入温度为 190℃ 的烘烤箱（或烤

炉）中，烘烤 10 ~ 12 分钟。

⑤冷却、检验、包装：经过烘烤后的饼干，挑出残次品。待自然冷却后进行包装、贮藏，贮藏库温度应控制在 20℃ 左右，相对湿度为 70% ~ 75%。

（4）成品质量指标

形态：形状整齐规则，厚薄均匀。

质地：均匀酥松。

滋味及气味：香酥可口，具有大麦特有的风味。

3. 大麦蛋糕

（1）原料配方　大麦粉 1 000 克、绵白糖 600 克、鲜鸡蛋 1 200 克、蛋糕油 50 克、膨松剂 20 克、水 300 毫升、淀粉、香兰素和香精适量。

（2）生产工艺流程

鸡蛋、白砂糖、膨松剂、香兰素等→混合→打发→加大麦粉或面粉→调糊→入模→烘烤→脱模冷却→成品

（3）操作要点

①大麦粉制备：选用优质大麦并将原料中的土石块及其他杂质除去，将除杂后的原料放入干燥箱中进行干燥使水分达到 12% 以下，然后利用磨粉机进行磨粉，采用克 B 39 筛，筛上物放入磨粉机重复研磨，使出粉率达 60% 左右。

②打蛋：将蛋液、白砂糖、膨松剂和香兰素等放入打蛋桶中，中速搅拌 5 分钟，然后高速搅打，使糖全部溶化后，加入蛋糕油，继续搅打 2 ~ 3 分钟，同时分次慢慢加水，当蛋液体积增加至原体积的 3 倍左右即可。在打蛋过程中要掌握好时间和蛋液的温度，时间短会使蛋糕的比容小，松软度差；时间长，会出现蛋糊持泡能力下降和蛋糊下榻现象，使烤出的蛋糕表面出现凹陷。蛋液温度过低也会降低其持泡能力，一般不低于 20℃ 为宜。

③调糊与入模：将过筛后的大麦粉和面粉加入打蛋桶中，慢速搅拌，直至成为均匀的面糊，然后将调好的面糊迅速加入到预

热和涂油的蛋糕模中,加入量以蛋糕模的 2/3 为宜。

④烘烤:将烤盘放入 180℃的烤箱中,先开底火,当蛋糊体积胀满蛋糕模且边缘呈微黄色时(约 8~10 分钟),打开面火,当温度升高到 200℃左右时,关闭底火,继续烘烤,当表面呈深黄色时,即可出炉。烘烤时间一般为 15~20 分钟。

⑤涂油和脱模:蛋糕出炉后迅速在蛋糕表面刷上少量熟花生油,经过冷却后迅速脱模即为成品。

(4)成品质量指标

形态:外形完整,表面略鼓,无塌陷及收缩现象。

组织:松软,剖面蜂窝状,气孔分布均匀,弹性稍差,较松软。

色泽:表面金黄色,色泽均匀,剖面稍暗。

口味:有蛋香味,甜度适中,口感良好。

4. 大麦茶饮料

(1)工艺流程

小麦→烘焙→破碎→浸提→过滤→调配→灌装→杀菌→冷却

(2)工艺技术要点

①原料大麦的处理及烘焙:除去大麦中杂质,洗净、晾干。采用 320±5℃烘焙,大麦表层呈现茶褐色并具有浓郁的大麦焦香味时,停止烘焙约 30 分钟。

②破碎:将烘焙的大麦破碎,破碎度控制在 40 目。

③浸提:采用二次浸提,浸提温度 70℃左右。采用活性炭净水器处理过的水,用水量以大麦:水约为 1:15,时间 15 分钟。

④过滤:粗滤后,再用板框过滤器进行精滤。

⑤调配:为了防止有效成分的氧化,调配时加入 0.1% 的脱氢抗坏血酸。

⑥灌装:采用 250 毫升玻璃瓶时,灌装量为 230 毫升±5 毫升,灌装温度 85℃。

⑦杀菌：高压高温（121℃）杀菌，时间5分钟。

5. 黑大麦乳酸菌饮料

（1）工艺流程

α-淀粉酶、水　　　糖化酶

↓　　　　　↓

黑大麦→精选→磨碎→液化→糖化→过滤→杀菌→接种→发酵→灌装→澄清→杀菌→成品

（2）工艺技术要点

①磨碎：将经过除杂的黑大麦，利用粉碎机进行磨碎，最好使其粒度足够小，要求达到60目以上，一般来说，粒度越小，越有利于淀粉颗粒糊化及水解。另外，也可避免饮料在贮存过程中由糊精引起的浑浊现象。

②液化：为缩短糊化及液化的时间，采用外加酶制剂液化法。即将磨碎后的黑大麦粉过60目筛后向其中加入50℃的热水，黑大麦粉和水的比例为1∶5。在15分钟内升温到70℃，加入溶解的α-淀粉酶（用量为每100克粉加入α-淀粉酶0.1克），在70℃保温液化20分钟，在15分钟内升温到90℃，加入α-淀粉酶（每100克粉加入0.2克），保温5分钟后迅速升温至100℃，煮沸15分钟即可。最后用标准碘液检验，不变色即为液化终止。如果使用的α-淀粉酶为中温淀粉酶，在80℃时会钝化，所以分两次添加，效果较好。

③糖化：采用外加酶制剂法进行糖化。在液化后迅速冷却到50℃，调节液化汁液的pH（糖化酶作用的最适pH为4.3～5.6，这个范围内糖化酶能最快的发挥作用）。然后加入糖化酶（一般每100克黑大麦粉加入糖化酶0.4克）。在60℃左右的恒温条件下糖化3小时，使最终还原糖的含量为12%左右，固形物含量为18%。最后采用115℃、15分钟进行杀菌。

④菌种的驯化：

主要过程如下：

斜面原种→纯牛奶 100 毫升→牛乳麦汁（牛乳∶麦汁 =9∶1）混合液 100 毫升→牛乳麦汁（牛乳∶麦汁 =7∶3）混合液 100 毫升→牛乳麦汁（牛乳∶麦汁 =5∶5）混合液 100 毫升→牛乳麦汁（牛乳∶麦汁 =3∶7）混合液 100 毫升→牛乳麦汁（牛乳∶麦汁 =1∶9）混合液 100 毫升→纯麦汁 100 毫升

菌种驯化过程中应严格控制杀菌条件为 115℃、15 分钟，在 37℃的温度条件下培养 8 小时，使乳酸菌个数达到 10^8 个/毫升。

⑤发酵：乳酸菌的接种量为 3% ~5%，应控制发酵温度为 36 ~38℃左右，以保证乳酸菌繁殖后保加利亚乳杆菌和嗜热链球菌的比例为 1∶1，发酵时间为 8 ~9 小时。

⑥过滤：乳酸菌饮料在贮藏过程中容易产生浑浊和沉淀，因此，对刚发酵过的饮料在进行灌装杀菌前需进行澄清处理。引起沉淀的成分一般是蛋白质和多酚类物质，故采用硅藻土作为助滤剂进行过滤即可除去，硅藻土用量为 0.3%。

⑦饮料的调配：为了改善乳酸菌饮料的口味，调整糖酸比，需加入糖和酸味剂。糖的用量为 6%。酸味剂用柠檬酸和酒石酸效果最好，酸甜柔和协调，产品清凉爽口，产品的 pH 值以调节到 3.9 ~4.1 为宜。

⑧灌装与杀菌：将经过上述处理后的饮料，利用灌装机装入可以进行杀菌的玻璃瓶中，然后在沸水中保持 10 分钟进行杀菌处理。杀菌后的饮料经过冷却即为成品。

6. 大麦营养芽原麦片

（1）原料配方　面粉（特二粉）80%、大麦芽粉20%。

（2）生产工艺流程

原辅料→混合→搅拌→胶体磨细磨→滚筒式压片机→制片→冷却→粉碎造粒→原麦片

（3）操作技术要点

①原辅料处理及混合：将发芽大麦利用粉碎机磨成粉状，过 80 目筛，得到大麦芽粉。然后将大麦芽粉和面粉按配方规定的

比例准确称量后充分混合均匀。大麦芽粉的添加量不能过多，主要是因为大麦芽粉中的还原糖含量高，添加越多，在挤压时美拉德反应越强烈，麦片的色泽越深，同时，大麦芽粉中的蛋白质含量小于小麦粉，添加过多导致麦片营养下降，起不到补充营养的作用。另外，大麦芽粉中缺乏面筋蛋白，添加过多导致麦片的成型性差。

②搅拌：加入原料质量30%的清水，放入搅拌锅中搅拌20分钟，直至搅至无团块，搅拌好的浆料应具有一定的黏稠性和较好的流动性。

③细磨：将上述搅拌好的物料泵入胶体磨中进行磨浆。

④压片：将蒸汽缓慢通入滚筒式压片机，待轧辊表面的温度升高至预定温度140℃时，即可上浆，要求涂布均匀，成片厚度为1~2毫米之间。应说明的是，挤压的温度不能过高或过低，原因是大麦经过发芽后，其中还原糖含量高，在过高的温度下挤压，美拉德反应较为强烈，而且形成一些苦味物质，而挤压温度过低，美拉德反应发生较弱，因而造成产品的色泽较浅。

⑤粉碎造粒：从压片机上下来的原片马上进入造粒机中进行造粒，粒度以5~6毫米为宜，然后用筛子筛除粉尘即得原麦片。

7. 双歧大麦速食粥

双歧大麦速食粥是以大麦为主要原料，配以双歧因子等辅料，经挤压膨化工艺加工而成，它充分保留了大麦的营养保健价值；并改善了大麦的不良口味，食用方便，为消费者提供了一种很好的大麦速食食品。

（1）生产工艺流程

原料→粉碎→调整→挤压膨化→烘干→粉碎→调配→包装→成品

（2）操作技术要点

①原料选择：大麦选择无霉变的新鲜大麦，去杂质，去皮。为改善产品外观及口感，原料中添加10%左右的大米粉。

②粉碎：为了适应挤压膨化设备的要求，大麦、大米都要粉

碎至 60 目左右。

③调整：将大麦粉、大米粉按比例混合搅拌均匀，测其水分含量，为保证膨化时有足够的汽化含水量，最终调整水分含量为14%，搅拌时间为 5～10 分钟，使物料着水均匀。为改善产品的即时冲调性，在物料中加入适量的卵磷脂，以提高产品冲溶性。

④挤压膨化：选用双螺杆挤压膨化机，设定好工艺参数，将大麦等原料进行膨化处理，使物料在高温高压状态下挤压、膨化，物料的蛋白质、淀粉发生降解，完成熟化过程。试验证明理想的工艺参数为：物料水分为 14%，膨化温度 I 区 130℃、II 区140℃、III 区 150℃，螺杆转速为 120 转/分钟。

⑤后处理：膨化后产品水分含量在 8% 左右，通过进一步烘干处理，可使水分降低至 5% 以下，以利于长期保存，干燥后的产品应及时进行粉碎，细度 80 目以上。

⑥调配：膨化后的米粉为原味大麦产品，略带糊香味，无甜味，通过添加 10%～15% 的双歧因子（低聚异麦芽糖等低聚糖）来改善产品的口味。

⑦包装：将上述调配好的产品应立即进行称重，并进行包装、密封，防止产品吸潮。经过包装的产品即为成品。

四、小米食品的加工

（一）原料特性

1. 小米的营养价值

小米具有独特保健作用，且营养丰富。据测定，每100克小米含有的蛋白质平均为13.24克，接近小麦全粉，而且氨基酸比例协调，特别是色氨酸、蛋氨酸、谷氨酸、亮氨酸、苏氨酸的含量为其他粮食所不及，每100克小米含脂肪4克，碳水化合物74克，还含有丰富的多种维生素和微量元素。据分析，每100克小米中含有维生素 B_1 0.57毫克，维生素 B_2 0.12毫克，尼克酸1.6毫克，胡萝卜素0.19毫克，维生素 E 5.59~22.36毫克，钙29毫克，磷240毫克，铁4.7毫克以及镁、硒等对人体有重要作用的元素。小米消化率达90%以上。

2. 小米的保健价值

中医认为，小米性味甘、咸、微寒，具有滋养肾气，健脾胃，清虚热等疗效。小米历来受到医学家的重视，历代医籍记述较多，李时珍《本草纲目》中说：粟之味咸淡，气寒下渗，肾之谷也，肾病宜食之，虚热消渴泄皆肾病也，渗利小便，所以泄肾邪也，降胃炎，故脾胃之病宜食之，煮粥食用"益丹田，补虚损，开肠胃，有养心安神之效"。

（二）小米食品加工技术

1. 小米、豆粉营养饼干

（1）原料配方　小米粉 20 公斤、豆粉 2 公斤、玉米粉 20 公斤、小麦粉 30 公斤、砂糖 18.5 公斤、奶粉 1.5 公斤、饴糖 1.5 公斤、植物油 5 公斤、水 110 公斤、小苏打 0.3 公斤、碳酸氢铵 0.15 公斤、香兰素 8 克。

（2）生产工艺流程

原辅料预处理→调粉→辊轧→成型→烘烤→冷却输送→整理→包装→成品

（3）操作要点

①原辅料处理：选用去壳纯净的小米，先用水浸泡 2～3 小时。晾干，用磨粉机磨粉，细度达 80～100 目之间，晾干备用。玉米剥皮制粉，过 100 目筛，小麦粉选用精制粉，过筛除杂。豆粉过 100 目筛备用。

②调粉：先将小米粉、豆粉、玉米粉、小麦粉投入搅拌机中搅拌混合均匀，再投入奶粉、砂糖、香兰素、植物油、水搅拌均匀，然后加入饴糖搅拌几分钟，最后加入小苏打和碳酸氢铵，搅拌即可调制好。

③辊轧、成型：将调制好的面团放入辊轧成型机，经辊轧成为厚度均匀、形态平整，表面光滑、质地细腻的面片，经饼干成型机，制成各种形状的饼干坯。

④烘烤：将成型好的饼干坯，放入烘烤炉中，温度控制在 250～300℃，面火、底火不超过 300℃，烘烤。

⑤冷却、检验、包装：烘烤的饼干，冷却后包装即为成品。

（4）成品质量指标

形态：形态整齐、厚薄均匀；

色泽：浅黄褐色；

质地：酥松、脆；

滋味及气味：甜酥可口，有小米、玉米、豆粉的香味。

2. 小米黑芝麻香酥片

（1）原料配方　小米面粉900克、黑芝麻100克、起酥油、调味料（白糖、食盐、辣椒粉等）适量，"特香酥"适量。

（2）生产工艺流程

小米→磨面
↓

黑芝麻→精选→水洗→烘干→混合→调制面团→酥化处理→压片→切片→调味→烘烤→冷却→包装→成品

（3）操作要点

①原料处理：选用优质小米，用水淘洗干净再浸泡2~3小时，晾干，磨粉，过80目筛备用。选用优质黑芝麻，精选除去杂质和不饱满粒，用清水洗净，烘干或晒干备用。

②调制面团：将处理好的小米粉和黑芝麻按配方比例称取并混合均匀，投入搅拌机内搅拌混合均匀，再加入适量开水搅拌至无干粉，最后加入起酥油搅拌成软硬适中的面团。

③酥化处理：为使产品既香又酥，必须进行酥化处理。具体是在调制好的面团中加入适量"特香酥"并揉匀，静置几分钟。酥化处理的方法是根据小米的理化特性进行，酥化处理后可保证产品在保质期内脆而酥。

④压片成型：面团酥化处理后，用压片机压制成0.15~0.5厘米的整片，然后按一定规格切成方形或其他形状。

⑤调味：成型后，喷撒上不同风味的调味料，如盐、白糖、麻辣粉等，使其具有不同的风味。

⑥烘烤：拌好调味料后，放入预先升温至180℃的烤箱，烘烤4~6分钟，即可成熟。

⑦冷却、包装：烤熟出炉，经过自然冷却，称量装袋，真空密封。

（4）成品质量指标　本品色泽金黄并附有均匀的黑芝麻；片状、厚薄均匀、形态基本完整；口感酥脆，具有小米的香味，保质期6个月。

3. 小米薄酥脆

（1）原料配方　小米熟料1 000公斤、糖7公斤、玉米淀粉8公斤、柠檬酸1.5公斤、苦荞麦2公斤、盐180公斤、氢化脂（起酥剂）2.5公斤、牛肉精7公斤、二甲基吡嗪（增香剂）0.25公斤、虾粉7公斤、没食子酸丙酯（抗氧化剂）2.5公斤、苦味素0.5公斤、辣椒粉59.5公斤、五香粉0.35公斤、花椒粉45.5公斤。

（2）生产工艺流程

原料→清洗→蒸煮→增黏→调味→压花切片→油炸→包装→成品

（3）操作要点

①选料：对原料进行清洗。挑选出石块、草梗、谷壳后，利用清水冲洗干净。

②蒸煮：将清洗干净的小米，以原料与水质量之比为1:4的比例加水蒸煮。在压力锅内以0.15~0.16兆帕蒸煮15~20分钟。

③增黏：在熟化好的小米中加入复合淀粉混合均匀。熟化小米与复合淀粉质量之比为100:1。复合淀粉是玉米淀粉和苦荞麦粉组成，其质量比为4:1。

④调味：将调味料按配方的比例配合，与熟化的小米、淀粉混合，搅拌均匀。

⑤压花切片：压花用的模具能使小米片压成厚度基本上维持在1毫米以下，局部加筋。筋的厚度为1.5毫米，宽度为1毫米，筋的间隔为6毫米。小米薄片用切片机切成26毫米见方的片状，小米薄片的两端边成锯齿形。

⑥油炸：一般使用棕榈油，也可以利用花生油和菜籽油。当油加热到冒少量青烟时放入薄片，油温应控制在190℃，炸制4

分钟左右出锅。

⑦包装：待油炸好的小米薄酥脆冷却后，利用铝箔聚乙烯复合袋密封包装，即为成品。

4. 烤小米饼

（1）原料配方　熟小米饭 400 克、芹菜 50 克、洋葱 50 克、鸡蛋 3 个、牛奶 5 克、黄油 80 克、盐和白胡椒各适量。

（2）生产工艺

①将芹菜、洋葱洗净切成末，鸡蛋打入碗中，加牛奶搅拌均匀。把芹菜、洋葱末、蛋液、熟小米饭倒在一起，加盐、白胡椒粉、熔化的黄油，搅拌均匀备用。

②烤盘中涂少许黄油，把小米饭糊倒入烤盘中摊平，入烤炉约烤 30 分钟，待米饼表面呈红色时，即可端出，切成小块装盘。

（3）特点　色泽美观，饼质嫩软。

5. 小米南瓜快餐粥

（1）生产工艺流程

软玉米糁

南瓜→清洗→去皮去瓤→切块→干燥→混合膨化→粉碎→过筛

→软玉米南瓜粉

小米→淘洗→浸泡→脱水→熟化→脱油→α-小米→混合调配→

南瓜小米快餐粥

（2）操作要点

①α-小米的制备：选择色泽均匀、颗粒饱满、无虫害、无霉变、无杂质的小米为原料。利用清水淘洗干净后，放入 60～70℃的温水中浸泡 24 小时，加水量不宜太多，以水面浸没小米 1～2 厘米为宜，以免损失小米中的营养成分，使小米的含水量达到 40% 左右时为止。这样脱水后米粒酥松，复水性好。将浸泡好的小米利用筛网沥干水分，然后利用起酥油对小米进行油炸，使小米脱水、熟化。脱水温度以 180℃ 左右为宜，在此温度

下脱水，米质酥脆，无焦味，复水性好。然后对小米进行脱油，得到α-小米。因为小米脱油后，含油量降低，易于保存，而且符合传统风味。

②软玉米南瓜粉的制备：选择内部呈金黄色，味较浓，无虫蛀、无霉变的南瓜为原料。利用清水将表皮清洗干净后，用刀去皮去瓤，切成5毫米左右的小块，然后利用热风干燥机对其进行干燥，干燥温度为65～85℃，若温度太低，干燥速度太慢，易腐烂变色。若温度过高，易产生焦味，破坏南瓜的色香味。

将预先进行软化的玉米糁和干燥后的南瓜块按5∶1的比例进行混合，然后送入膨化机中进行膨化，为达到较好的膨化效果，膨化温度控制在180℃左右，将膨化好的混合料，利用粉碎机进行粉碎，并过40目筛，即得软玉米南瓜粉。

③混合调配：将上述制得的软玉米南瓜粉和α-小米按照一定的比例充分混合后，即得成品南瓜小米快餐粥。食用时用热水冲调即可食用。

6. 小米杏仁奶

（1）原料配方　小米汤汁45%、杏仁浆15%、脱脂奶粉1.5%、白砂糖4.5%、蔗糖脂肪酸酯0.05%、甘油单硬脂酸酯0.06%、羧甲基纤维素钠0.05%、海藻酸丙二醇酯0.05%、琼脂0.03%、粟米香精0.02%、杏仁香精0.15%、奶香香精0.005%。

（2）生产工艺流程

小米→筛选→淘洗→两次加水熬煮→两次过滤→小米汤汁
杏仁→选料→浸泡冲洗→去皮→漂　　　　　　　　↓

洗→护色→脱苦去毒→磨浆→过滤→杏仁浆→调配→胶体磨均化→加热均质→真空脱气→灌装封口→杀菌→冷却→成品

（3）操作要点

①杏仁浆的制备：

a. 选料。选取新鲜干燥、颗粒扁大饱满、无霉变虫蛀、无氧化哈败和无异物污染的杏仁为原料。

b. 冲洗浸泡。将挑选好的杏仁利用清水冲洗干净，捞出沥干水分，投入 2～3 倍的水中浸泡 12 小时，进行软化、预脱苦。

c. 去皮。将浸泡好的杏仁放入含有 1% 氢氧化钠的沸水中煮沸 2 分钟，杏仁与氢氧化钠溶液之比为 1：3，然后迅速捞出，利用自来水冲去残留的碱液，手工搓皮并用自来水冲洗干净。

d. 护色。将去皮杏仁置于 0.5% 的氯化钠和 0.02% 的亚硫酸钠的混和液中护色 4 小时，护色液与杏仁之比为 2：1，护色液必须完全浸没杏仁。

e. 脱苦去毒。护色好的杏仁用水漂洗 2～3 次，利用 60℃ 的温水浸泡 72 小时（用水量为原料量的 3 倍左右，每日换水 2～3 次）。

f. 磨浆。按脱苦杏仁重量加入 5 倍的水，先入砂轮磨浆机粗磨，再入胶体磨细磨。

g. 过滤。将上步得到的杏仁浆先经 120 目筛粗滤，再经 200 目筛过滤得最终的杏仁浆。

②小米汤汁的制备：

a. 筛选。选择颗粒饱满、颜色鲜黄无虫蛀和霉变及异物污染的小米为原料。

b. 淘洗。用清水淘洗选好的小米。

c. 加水熬煮。按小米重量的 10 倍加水置于高压锅中熬煮，温度 121℃，时间 30 分钟。

d. 过滤。将上述熬煮的小米及汤汁经 80 目筛分离得微黄色有一定黏稠度的小米汤汁。

e. 再次加水熬煮。取过滤后的小米渣加入原小米重量的 8 倍水，再次置于高压锅中进行熬煮。

f. 过滤。经 80 目筛分离，将两次熬煮过滤后所得的汤汁混合，即为小米汤汁。

③调配：准确称取（或量取）按配方计算的原材料及添加

剂用量。白砂糖与添加混合后利用热水溶解，再与其他配料混合，加水到适量，搅拌均匀。

④加热、胶体磨均化：将调配好的浆料加热到60℃，进入胶体磨中均化，5分钟后出料。

⑤加热均质：将均化后的物料送入均质机中进行均质处理，均质压力为30兆帕，5分钟后出料。再将料加热到70～75℃，送入均质机中进行第二次均质，均质压力为35兆帕，5分钟后出料。

⑥真空脱气：均质好的浆料在0.06兆帕的真空条件下脱气。

⑦灌装、封口：脱气后的物料装入预先经过清洗和消毒灭菌的玻璃瓶中，加盖封口。

⑧杀菌：将装瓶的饮料放入高压灭菌锅内采用加压杀菌法，121℃下保持30分钟杀菌，杀菌后冷却即为成品。

五、黑米食品的加工

（一）原料特性

黑米又名贡米、长寿米、紫米、补血糯米等，是我国古老的名贵糯稻，药食兼用。早在公元前 145 年的汉武帝时代，黑米就作为上等贡品而成了皇宫贵族的珍肴美味。

1. 黑米的营养价值

黑米营养丰富，平均每 100 克中含蛋白质 11.5 克，比普通大米高出 6.8%；脂肪 2.7 克，比大米高出 1.9 倍；富含维生素、核黄素、硫胺素及铁、铜、锌、硒等微量元素。此外，还含有人体所需的氨基酸，其氨基酸总含量高出大米 15.9%，其中赖氨酸高出大米 3~3.5 倍；精氨酸含量为 1.2%，高出大米 2.12 倍。黑米不仅氨基酸含量高于普通大米，而且其氨基酸模式比较接近人体模式。

2. 黑米的保健功能

黑米除营养物质丰富外，还含有对人体健康有益的生物活性物质，具有一定的药用价值，素有"药谷"之称。我国医学认为：黑米有补脾、养胃、强身、医肝疾、壮肾补精、生肌润肤、安神延寿等功效，可治头昏、目眩、贫血、白发、体虚、盗汗、腰膝酸软、肺结核、慢性肝炎、传染性肝炎等。明代医学家李时珍的《本草纲目》中记述：黑米古称"粳谷奴"，"有滋阴补肾、健脾暖肝、明目活血"的功效。"主治走马喉、调中气，主骨节风，瘫痪不遂、常年白发"病。

黑米中含有黄酮、花青素、生物碱、甾醇、强心甙、皂甙等生物活性物质，具有提高机体非特异性免疫功能，增强抗病能力及抗过敏等活性。化合物的主要生理功能同烟酸作用，能维持血管的正常渗透压，减低血管的脆性，防止血管破裂和止血，同时还有抗菌、抑制癌细胞生长和抗癌作用。

（二）黑米食品的加工技术

1. 营养黑米饼干

（1）原料配方　面粉56公斤、人造奶油25.5公斤、白砂糖10.7公斤、食盐1.5公斤、酵母0.3公斤、乳化剂0.5公斤、发酵粉0.3公斤、添加剂0.3公斤、脱脂奶粉1公斤、鲜鸡蛋4公斤、香草香精0.01公斤、黑米糖化液20.17公斤、水10.75公斤。

（2）生产工艺流程

调粉→辊轧→冲印成型→烘烤→冷却→包装→成品

（3）操作要点

①黑米预处理：

a. 膨化。调整黑米水分为12%，在温度150℃、压力0.49兆帕的条件下，利用挤压膨化机进行膨化，然后粉碎至40~50目的粒度。

b. 糖化。取黑米膨化粉，添加0.02%食用磷酸调节pH值至5.4~6.0，加开水60%，降温至60~65℃，添加α-淀粉酶（5 000单位/克）1%~1.5%，β-淀粉酶（2 000单位/克）0.5%~1%，保温糖化6~7小时，然后用纱布过滤，即得所需滤液。

②调粉、辊轧、成型、烘烤：和普通韧性饼干生产工艺基本相同。主要工艺参数为：调粉时间10~15分钟，静置时间30~35分钟，冲印次数60次/分钟，网带厚度5.72毫米，烘烤温度：底火280℃左右，面火300℃左右。

（4）成品质量指标

①感官指标：色泽：表面紫褐色，底面紫红色；光泽：巧克

力一样油光，糊化层细腻；松脆度：有较小的密度及层次空隙，不僵不硬；酥度：不粘牙及牙床，颗粒组织细腻，化后无渣；味感：有纯正烘焙制品的香气，入口酥脆，甜香适口，不腻不咸。

②理化指标：水分 <6%，咸度 <1%，酸度 <0.5%，吸水率（25℃，湿度75%，48小时）<24%，保存期（温度25℃，湿度65%，聚乙烯0.4毫米）70天，总糖（以蔗糖计）≤30%，蛋白质 >8.5%，脂肪≤30%，食品添加剂符合 GB 2760 之规定。砷（以 As 计）≤0.5毫克/公斤，铅（以 Pb 计）≤1.0毫克/公斤。

③微生物指标：细菌总数≤1 000 个/克，大肠菌群≤30 个/100克，致病菌不得检出。

2. 黑米膨化果

（1）原料配方（虾味）　黑米500克、玉米糁子500克、白砂糖20克、精盐20克、虾粉60克、奶粉少许。

（2）生产工艺流程

原料混合→润水→膨化→冷却→切段→烘烤→冷却→称重→包装→成品

（3）操作要点

①原料混合：将所有原料按照配方比例投入料斗中混合并搅拌均匀。

②润水：可根据物料干燥程度给予润水并且放置2小时，以便均匀吸水。采用本生产工艺使用的膨化机要求物料含水量达到12%左右。

原料中的水分在适当水平时，可使挤压过程中有利于淀粉的溶胀，同时在机内起了一定润滑作用。而含水量过低会导致原料滞留时间缩短，降低膨化度，甚至出现不膨化、产品发白、有硬块；而含水量过高时，不但不利于产品储藏，而且会使模具头与套筒间的摩擦作用减小，剪切力降低，影响淀粉的糊化、溶胀。

③膨化：使膨化机温度控制在140℃，螺杆转速为432转/

分钟。然后先投入一部分含水量稍高一些的物料作为引料，待机器进入运转正常时，再投入原料。同时注意控制进料的速度。

进料速度与原料性质有关，原料表面越光滑则进料速度应慢些，这里指螺杆转速一定条件下，只有进料与螺杆转速协调起来，才能使物料很好地膨化，而且防止因两者不协调造成物料聚积导致阻止螺杆与筒的相对运动造成电机不能正常运转甚至烧坏。

④冷却：将膨化后的制品在室温下冷却后，切成每段长4厘米的段。

⑤烘烤：将冷却、切段后的制品放在烤盘上摊匀放入烤炉中，炉温控制在170℃左右，烘烤时间为3分钟左右。烘烤的目的是，一方面在烘烤过程中产生一些风味物质，另一方面通过烘烤可使产品水分含量达到3%～5%，稳定产品的储藏性。

⑥包装：将经过烘烤后的产品进行冷却，然后经过称重进行包装即为成品。

（4）成品质量指标

①感官指标：黑紫色，口感酥脆，味道鲜美；组织呈蜂窝状，外形为条形，大小一致，匀称，无杂质。

②理化指标：膨化度16.5%，水分4.0%。

3. 黑米乳酸菌饮料

（1）生产工艺流程

黑米→制粉→蒸煮→糖化→冷却→加酶→糖化→过滤→冷却→接种→发酵→调配→均质→灌装→灭菌→冷却→成品

（2）操作要点

①制粉：选色黑无杂、新鲜、无异味的黑米为原料，放入水中浸泡5～8小时，取出进行磨制、离心脱水、粉碎（80目以上）、烘干即得黑米粉。

②蒸煮糖化：将黑米粉与麦芽粉以100∶1的比例混合，加2倍的水调和。蒸煮1.5小时，糖化50分钟，然后冷却到60℃。

③加酶：在得到的米浆中加入 1% 的 α-淀粉酶、1% 的 β-淀粉酶和 0.1% 的糖化酶，在 65～75℃ 的温度条件下糖化 1～2 小时，趁热过滤，冷却到 40℃ 左右。

④接种：接入预先培育好的嗜热乳杆菌和保加利亚乳杆菌（两者比例为 1：1），接种量为 5%～10%。

⑤发酵：接种结束后，在 40℃ 的条件下发酵 70 小时，再于 4℃ 下存放 60 小时左右，使酸度达到 0.8%～1.0%。

⑥调配：加入 8%～12% 白砂糖，适量柠檬酸，控制酸度在 0.4%～0.5%。

⑦均质：先将配制好的混合浆液预热到 45～55℃，然后利用均质机在 15～30 兆帕的压力进行均质处理，也可利用胶体磨进行。

4. 黑米芝麻糊

（1）原料配方　黑米 55%～60%、蔗糖 25%、芝麻 9%～14%、黑大豆 5%、蛋黄粉 1%。

（2）生产工艺流程

精选黑米、黑大豆→膨化→加熟芝麻、白砂糖→粉碎→拌和调配→包装→成品

（3）操作要点

①原料处理：选用优质黑米、黑大豆，大豆经粉碎、增湿（水分含量在 14.5% 左右），进入膨化机进行膨化，并切成 0.5～1 厘米的圆柱。精选黑芝麻在 150℃ 下烘烤 30 分钟，使芝麻烤熟并产生香味；将蛋黄放在烘箱内烘干制成蛋黄粉。

②原料粉碎：将膨化后的黑米、黑大豆和熟芝麻、白砂糖按比例加入粉碎机中进行粉碎，并通过 80 目筛，制成混合物，放入不锈钢桶里备用。

③拌和配料：将黑米、大豆、芝麻粉和蛋黄粉按比例放入拌和机内拌匀，及时封口包装。

④成品包装：成品内包装采用塑料薄膜袋，每袋 250 克，热

合封口。外包装采用纸盒包装，外加玻璃纸包装。产品经过包装即可出售。

（4）成品质量指标

①感官指标：色泽：灰褐色粉末，加沸水调成黑色；组织状态：粉末状，无结块；口感：具有黑米、芝麻特有的香味。

②理化指标：蛋白质≥10%，脂肪≥2%，铁≥0.8毫克/100克，钙≥40毫克/100克，磷≥100毫克/100克。

③微生物指标：细菌总数≤1 000 个/克，大肠菌群≤30 个/100克，致病菌不得检出。

5. 黑米啤酒

（1）原料配方　浅色麦芽60%、深色焦香麦芽15%、黑麦芽5%、黑米20%、酒花0.08%~0.10%。

（2）生产工艺流程

黑米处理→黑米糊化→黑米糖化→麦芽汁煮沸→发酵→过滤→灌装→杀菌→成品

（3）操作要点

①黑米的处理：由于黑米皮含丰富的水溶性维生素和色素，因此，冲洗时用冷水快速冲去杂质，以免使营养溶解流失。

②黑米的糊化：因黑米粒硬，糊化时需特殊处理。其工艺过程为45℃保持60分钟，然后升温至65~70℃，并保持60分钟，然后升温至100℃，保持30分钟。同时生产中应注意添加耐高温 α-淀粉酶。

③黑米的糖化：因黑米中的蛋白质含量较高，约为10%以上，为使蛋白质充分降解，以免影响其非生物稳定性，应适当延长蛋白质休止时间。

控制标准：投料温度为36~40℃，投料时间为20~30分钟；蛋白质休止温度为44~52℃，时间40~100分钟，糖化温度为63~68℃，时间60~90分钟；杀酶温度78℃。

④麦汁的煮沸：因黑米中的蛋白质含量较高，即使延长了蛋

白质休止时间，可能蛋白质仍未能充分降解；同时黑米谷皮中含有大量的多酚类物质，为使蛋白质充分沉淀析出，应延长煮沸时间。煮沸时间：80~120分钟；煮沸强度：10%~12%。煮沸结束前15分钟加入20~30毫克/公斤的麦汁澄清剂（卡拉胶）。

为突出黑米的米香味，酒花的添加量可略少些，但为了突出黑米啤酒的风格和维持啤酒风味的一致性，必须保证每100升麦汁含α-酸5~6克。

⑤发酵工艺：因黑米中蛋白质含量较高，会促进酵母的生长繁殖及其代谢能力，为防止酵母繁殖过分旺盛，应适当降低发酵温度，具体如下：

麦汁冷却温度8℃±0.5℃，麦汁充氧量8~10毫克/公斤；满罐时间≤12小时。

酵母：采用德国卡尔斯倍酵母2~4代菌种酵泥。酵母接种量：0.8%；接种温度：8℃±0.5℃；进罐繁殖温度：9℃±0.5℃。

主发酵温度9.0℃，还原双乙酰温度为11℃。

（4）质量标准

①感观指标：外观：呈棕红色，无明显悬浮物和沉淀物；泡细腻，挂杯持久；口味和香气：具有明显的黑米香气，口味纯爽口、酒体醇厚、杀口，无异味。

②理化指标：原麦汁浓度：12°±0.2°；酒精含量：>2.0%（体积分数）；酸度：<2.6毫升/100毫升；双乙酰含量：<0.15毫克/升；色度（EBC）：45~50。

六、绿豆食品的加工

（一）原料特性

绿豆（Mung bean）别名植豆、青小豆、吉豆，为豆科一年生草本植物。原产于中国、缅甸、印度等。在我国，绿豆约有2 000多年的栽培史，种植面积和产量均居世界首位。我国绿豆的主要产区集中在华北及黄河、淮河流域的平原地区，以河南、河北、山东、安徽等省最多，山西、甘肃、陕西、江苏、四川、湖北、贵州等地次之，东北三省也有种植。

绿豆营养价值很高，100克绿豆含蛋白质23.8克，脂肪0.5克，糖类58.8克，钙80毫克，磷360毫克，铁6.8毫克，胡萝卜素0.22毫克，维生素B_1 0.52毫克，维生素B_2 0.12毫克，烟酸1.8毫克。

自古以来绿豆就被作为清热解毒之佳品。中医学认为：绿豆性味甘寒、无毒，有清热解毒、祛暑止渴、利水消肿、明目退翳、美肤养颜之功效。如果将绿豆添加一些相应的药物或食物做成药膳，不但具有食物的美味，而且还有药用的效果，常食能起到养生保健、预防疾病之目的。

（二）绿豆食品的加工技术

1. 绿豆糕

绿豆糕是我国传统的糕点和消暑食品，南、北方均有制作。一般北方的绿豆糕无油分，不带馅；而南方则重油，有的还加馅。

（1）原料配方　绿豆粉 12.5 公斤、白糖 13 公斤、香油 3 公斤、桂花 1 公斤、豆沙馅料 27.5 公斤、柠檬黄色素 5 克、香油 1.5 公斤（作涂料）。

（2）生产流程

绿豆→制粉→调粉→成模→蒸煮

（3）操作要点

①制粉：绿豆经挑选、清洗后，下锅蒸煮，至皮破开花，用清水冲洗后晾干，或用提取饮料后的即食绿豆，上粗磨除去豆皮，再上细磨磨粉，筛去粗粉后制得绿豆糕粉。

②调粉：先在调粉机内加入白糖及相当于 10% 绿豆粉量的水和少量柠檬黄色素，再加入绿豆粉和香油搅拌均匀，通过 16 目的筛，使料粉充分松散。

③成模：将料粉撒满木模，如带豆馅需预先将馅揪成小块剂子，放在木模中心处，上下四周用料粉填满；翻转木模，用木棒轻敲底面，扣在垫有纸垫的蒸板上。也可先将料粉撒在木模内，再用手指轻压印模，去掉 1/3 左右的料粉，然后放入预先制成的馅剂子，用手压实后再撒满料粉并刮平。

④蒸煮：将扣在蒸板上的绿豆糕坯放入高压蒸汽柜或大蒸笼内蒸熟。要掌握好蒸煮时间，如时间过长会发生糊化；若蒸汽过大、时间太短，都会使成品底部变硬。

把蒸好的绿豆糕从蒸板上取下，除去垫纸，待完全冷却后，即可进行包装。

2. 绿豆粉丝

绿豆粉丝细滑强韧，光亮透明，为粉丝中的佳品，倍受人们青睐。

（1）原料　绿豆。

（2）生产流程

绿豆→浸泡→锉粉→打糊→搅面→揣面→漏丝→拉锅→理粉→晾晒

（3）操作要点

①浸泡：绿豆经过挑选后，洗涤，加水浸渍，冬天浸30～36小时，夏天浸15小时左右。

②锉粉：将含水量约为40%的绿豆用带孔的金属锉板锉成颗粒大小均匀的碎粉，或者用石磨磨碎。

③打糊：在12公斤的糊粉中，加入35～40℃的温水1.5～2.0公斤，使碎粉吸水；再用光洁的木棒进行急速搅拌，同时从缸边徐徐加入约70℃的热水2～3公斤，使粉温达到45～50℃；再加沸水9～10公斤，使淀粉糊化，糊体透明、均匀，用手指可拉成细丝。

④搅面：取碎粉20～25公斤，分几次加入面缸，用双手将面糊上掏，并把碎粉压下，一直和到不见生粉为止。

⑤揣面：揣面时双手握拳，左右上下交替地揣入面团中，使黏性渐增，硬性渐减。此时面团的温度应始终维持在40℃以上。

⑥漏丝：从面缸中捧出一块面团，放入漏瓢中，并用手轻轻拍打面团，使其漏成粉丝。待粉丝粗细一致时，将瓢迅速移到水锅的上方，对准锅心，瓢底与水面的距离决定了粉丝的粗细，一般以50厘米为宜。漏粉时锅中的水温需维持在95～97℃之间。当漏瓢中的面团漏到剩1/3时，应及时添加面团。

⑦拉锅：用长竹筷将锅中上浮的粉丝依次拉到装有冷水的拉锅盆中，再顺手引入装有冷水的理粉缸中。

⑧理粉：将粉缸中的水粉丝清理成束、环绕成圈，然后穿上竹竿，挂在木架上，把水粉丝理直整平，悬挂约2小时；待粉丝内部完全冷却以后，再从架上取下，泡入清水缸中漂洗过夜，第二天取出晾干。

⑨晾晒：水粉丝取出后在微风、弱光下晾晒2～3天，待水分含量降至16%时，便可进行整理包装。切忌让粉丝在烈日下暴晒或严寒冰冻。

3. 绿豆粉皮

粉皮是利用绿豆淀粉加工而成的片状半透明的产品，是夏季极好的菜肴原料。

（1）原料　绿豆淀粉。

（2）生产流程

淀粉过滤→冲调→制作→成品

（3）操作要点

①淀粉过滤：将含水量45%～50%的湿淀粉加2.5倍的水搅拌，搅拌均匀后用泵抽到另一容器，容器上口加滤布把淀粉乳中的杂质过滤干净。淀粉乳在容器内时还要继续搅拌，否则淀粉就会沉淀。

②冲调：把容器内的淀粉乳取出1/5，加入95℃的热水冲调，使其成为半熟的糊状，温度为80℃。将半熟状的淀粉糊对入淀粉乳中，搅拌均匀，无疙瘩。淀粉糊与淀粉乳之比为1∶4，混合之后温度为62℃以上。冲调过程中要严格控制加入水的比例。在对淀粉糊时，要同时对入白矾水［事先将白矾（明矾）用热水溶解，白矾的用量为每100公斤淀粉加2.5公斤白矾］。

淀粉糊与淀粉乳经过搅拌以后，全部成为糊状液体，便可以制作粉皮了。

③制皮：开动粉皮机前应将传动铜板清洗干净，并用布浸食油擦一次铜板，以利于揭皮。开机时将调好的糊状淀粉液放入料斗中，打开料斗节门让其匀速地进入传动铜板的调节槽内。调节槽出料口高度调到0.6厘米，行走的传动铜板将液体带走，进入蒸汽加温箱，将淀粉糊蒸熟；出加温箱后，用冷水喷淋降温。至机器终端，揭皮滚把粉皮取下来，并切成方块，人工折叠后放入包装屉内。

制皮工序中必须控制好粉皮的薄厚，要求均匀一致；调节好加热的温度和喷淋的冷却水，才能制出高质量的粉皮。

④成品：绿豆粉皮呈碧绿色，半透明，有光泽，柔软且具有

弹性。切制尺寸为 17 厘米×28 厘米。每公斤粉皮可切 6 张，每 100 公斤淀粉出粉皮 400 公斤以上。

（4）质量要求　成品中淀粉不得低于 15 克/100 克。微生物指标要求与制作豆腐相同。

4. 绿豆酸奶

绿豆酸奶是以绿豆和鲜牛奶为原料，经过乳酸菌发酵制成的饮料。它不仅营养丰富，而且具有一定的医疗保健作用。

（1）工艺流程

绿豆→选料→脱皮→浸泡→磨浆→分离→脱臭→调制→灭菌→发酵成品

（2）操作要点

①选料：选用籽粒饱满、无虫蛀、无霉变的绿豆，除去泥沙等杂物。

②脱皮：将清选后的绿豆放入脱皮机脱皮，脱皮率应在 95% 以上，否则会影响产品的口感和外观。

③浸泡：将脱皮的绿豆洗净，在室温下浸泡 4～5 小时，当用手挤压有白浆冒出时即可。

④磨浆：将有色素的浸泡水倒掉，加入相当于干豆重 5～6 倍的水，调整 pH 值至 8～9，再细磨 1 次并过 60 目筛。

⑤分离：用自分式磨浆机，经过 200 目筛子将豆渣和浆分开。

⑥脱臭：向分离以后的绿豆浆通入高温蒸汽，当温度达到 120℃时，喷入脱臭罐中进行真空脱臭。从真空脱臭罐中出来的绿豆浆具有一股清香味，除去了豆腥味。

⑦调制：绿豆浆经过真空脱臭后，加入 40%～50% 的鲜牛奶，充分混合后再加入混合液总重量的 6%～8% 的白砂糖，并使其充分溶解。

⑧灭菌：混合浆在 90℃条件下保持 30 分钟，可以杀死全部病原菌和细菌，使浆中酶的活力钝化，使抑菌物质失活，并使浆

中蛋白质变性，以利于乳酸菌生长。

⑨发酵：杀菌后的浆液冷却到 37～40℃后，加入 3% 的发酵剂（与大豆酸奶的发酵剂相同），在 42℃条件下培养 2～3 小时，当酸度达到要求时，终止发酵；再放到 4～5℃的冷库内搁置 24 小时，完成后熟即为成品。

5. 绿豆乳发酵饮料

（1）工艺流程

绿豆→除杂→脱皮→浸泡→灭酶→磨浆→糖化→过滤→灭菌→冷却→接种→发酵→调配→均质→灌装→密封→杀菌→冷却

（2）操作要点　绿豆除杂脱皮后自来水浸泡，浸泡时间夏季为 6～8 小时，冬季为 12～14 小时，豆水比例为 1∶4。浸泡后的绿豆在水中加热煮沸，以钝化绿豆中的脂肪氧化酶，除去豆腥味。然后在 80～100℃热水中，用立式磨浆机磨浆，磨浆时豆水比为 1∶10，再用立式胶体磨磨细。将绿豆浆放入糖化锅内，加入 α-淀粉酶，在 70℃温度下糖化 100 分钟，冷却后过滤，除去老化淀粉，得到绿豆乳。将绿豆乳在 95℃下保持 15 分钟，迅速冷却至 45℃备用。采用产酸能力和适应能力强，风味好的保加利亚乳杆菌和嗜热链球菌纯菌种，进行接种，两种菌的比例为 1∶1，接种量为 4%，然后在 42℃下发酵 6 小时。发酵后的绿豆乳中加入 7% 的蔗糖，调整 pH 值为 4.1，再加入 0.2% 的藻酸丙二醇脂和 0.2% 的羧甲基纤维素，搅拌混合均匀，25 兆帕压力下连续均质 2 次，用液体灌装机进行灌装，迅速密封。100℃下杀菌 20～30 分钟然后冷却至 40℃左右。

（3）产品特色　以绿豆为主要原料制成绿豆乳，并添加乳酸菌进行乳酸发酵，可以改善绿豆乳的风味，提高其营养价值，使其具有绿豆和乳酸菌的双重保健作用。

七、豌豆食品的加工

（一）原料特性

豌豆，又名毕豆、寒豆、麦豆、淮豆，回鹘豆等。近年来市场上销售的"荷兰豆"，也是豌豆的别名，是一种菜用软荚类型豌豆，也称软荚豌豆或食荚豌豆。

豌豆含有多种营养物质。据测定，豌豆中以蛋白质和碳水化合物含量较高。100克干豌豆含蛋白质 20 克以上，碳水化合物平均 58 克。氨基酸的比例比较平衡，人体所需的 8 种必需氨基酸除蛋氨酸的含量稍低外，其余均达到 FAO/WHO 推荐模式值。脂肪的含量比较少，矿物质的含量亦比较丰富，含有钙、磷、镁、钠、钾、铁、氯等多种矿物质，磷的含量较高，100 克干豌豆磷含量可达到 400 毫克。此外，还含有粗纤维、胡萝卜素、硫胺素、核黄素、烟酸等多种维生素，这些营养物质对于人体的生长发育和生理功能有重要作用。

（二）豌豆食品的加工技术

1. 罐装盐水青豌豆

（1）工艺流程

原料验收→剥壳分级→盐水浮选→预煮→漂洗→挑选→装罐浇汤→密封杀菌→保温→打检包装

（2）操作要点

①原料验收及处理：选用的青豌豆应是新采摘的或冷冻良好

的，要求无霉烂、无病虫害、成熟良好。清洗时，将原料倒入水槽中（每次不宜过多），用流动水漂洗经淋后洗去泥沙。

②剥壳分级：用剥壳机剥去青豌豆的硬壳，再用分级机按7、8、9、10毫米的豆粒直径将原料分为4级。

③盐水浮选：2%～3%的盐水对分级后的豆粒进行浮选，上浮豆粒为生产用豆，下沉豆粒可另作其他产品配料用。

④预煮：将不同级的豆粒分别放入夹层锅预煮，预煮温度为100℃，预煮时间为3～5分钟。

⑤漂洗和挑选：按豆的老嫩程度确定漂洗时间，初期豆漂洗30分钟，中、后期豆漂洗60～90分钟，在漂洗过程中剔除黄色、污斑、破裂等不合格豆及杂质等，漂洗后再用清水洗涤1次，而后由人工按豆粒大小和色泽将豆粒分开。

⑥装罐浇汤：用6110号罐，每罐装青豌豆170克、浇汤汁114克（汤汁为3%的沸盐水，注入罐时的温度不低于80℃）。

⑦密封杀菌：用预封机预封后，再用封口机进行真空（要求−30千帕以上）密封；密封后1小时内采用卧式杀菌锅在常压下进行杀菌，即在10分钟以内使罐温上升至118℃，并保持35分钟；杀菌后采用锅内顶部喷淋式冷却（要求冷却水加氯处理时间不低于20分钟，排放时余氯含量不低于5毫克/公斤），当罐中心温度降至38～40℃时即可出锅并进行初检。

⑧保温：将初检合格的罐头移至库房，在37℃±2℃条件下保温7天，经打检合格的即可包装入库保存及进行销售。

（3）产品特色　罐装盐水青豌豆，豆粒为青黄色或淡黄绿色，允许汤汁略有浑浊，具有青豌豆应有的滋味与气味，无异味，软硬适度，食用方便，耐贮存。

2. 速溶豌豆粉

（1）工艺流程

选豆→清洗→烘烤→浸泡→磨浆分离→调配→胶体磨→均质机→真空浓缩→速溶豌豆粉

（2）工艺参数　烘烤温度 140℃，烘烤时间 7 分钟；浸泡水温 30℃，浸泡水质为 0.5% 碳酸氢钠溶液，浸泡时间 6 小时；磨浆水温 60℃，磨浆水 pH 为 7，料水比为 1：8；浓缩真空度 0.08 兆帕，温度 50℃；喷雾干燥进风温度 140℃，出风温度 75℃。

（3）产品特色　速溶豌豆粉豆香味浓、无豆腥味、速溶性好。

3. 豌豆酸凝乳

（1）工艺流程

豌豆浆的制备：豌豆的筛选→清洗→打浆过滤→添加稳定剂和白糖→胶体磨均质→加热灭菌→调 pH 为 6.5→冷却备用

取豌豆浆 20 份、脱脂乳 80 份→混合→均质→灭菌→冷却→接种→装杯发酵→冷却→成品

（2）工艺参数　接种量为 4%，加糖量为 7%，发酵温度 40～42℃，发酵时间 4 小时。

（3）操作要点

① 豌豆筛选：无病虫害、无外伤、质地优良。

② 磨浆：豌豆与 2 倍水经打浆机打浆，再经胶体磨进行微粒化，经均质机均质。

③ 磨成的豌豆浆经 120 目标准筛过滤。

④ 杀菌：温度不宜过高，以 85℃保持 25 分钟为最佳，以免其营养成分遭到破坏。

（4）产品特色　将豌豆制成浆与牛乳一起，经乳酸菌发酵，可制成集植物蛋白和动物蛋白为一体，色泽浅绿色，具有豌豆清香和乳香味的一种营养价值较高的豌豆酸凝乳。

4. 豌豆豆奶

（1）工艺流程

大豆、豌豆→清选、除杂→浸泡→灭活脂肪氧化酶→脱皮→制浆→浆渣分离→煮浆过滤→酶解→调配→均质→杀菌→豆奶

（2）操作要点

①原料的筛选、清洗及浸泡：应选用籽粒饱满无虫害及霉变的豌豆和大豆（1∶1），用自来水洗净后，用 0.5% 的碳酸氢钠溶液浸泡 10～18 小时，待豆充分膨胀后捞起，浸泡液与豆之比为 3∶1。

②灭活脂肪氧化酶：将浸泡后的豌豆和大豆放入煮沸的 0.5% 碳酸氢钠溶液中热烫 6 分钟，捞出后用自来水冲洗冷却并沥干水分。

③脱皮磨浆：用手搓去豆皮，加入豆重 10 倍水，经磨浆机粗磨后再经胶体磨细磨，为使蛋白质尽可能多地溶出，提高回收率，可采用二次磨浆，水温为 80℃。

④煮浆过滤：将浆液加热煮沸 2 分钟，用 4 层纱布趁热过滤，去除豆渣。

⑤酶解：浆液加入 α-淀粉酶 0.5‰，酶解温度 40℃，酶解时间 30 分钟，酶解后加热煮沸 5 分钟，用滤布过滤。

⑥调配：将上述所得的豆浆加入 4% 的白砂糖，10% 的鲜牛奶，再加入护色剂（碳酸氢钠 0.2%、乙酸锌 0.15%、柠檬酸三钠 0.1%），适量的稳定剂及 2% 的品质改良剂（磷酸钠）。

⑦均质：为防止豆奶产品发生乳相分离、脂肪上浮、蛋白质沉淀等现象，改善豆奶口感。将调配好的浆液加热至 80～90℃，用均质机进行均质。

⑧杀菌：杀灭微生物和腐败菌以保证货架期。采用高温瞬时杀菌 121℃，15～20 秒。

八、红豆食品的加工

（一）原料特性

红小豆（Adzuki bean）又名赤小豆、赤豆、小豆、米小豆等，原产于我国。

红小豆营养价值丰富，具有重要的食用、药用价值。它的蛋白质平均含量22.6%，脂肪0.6%，碳水化合物58%，粗纤维4.9%，脂肪酸0.71%，皂甙0.27%，钙76毫克/100克，磷386毫克/100克和铁4.5毫克/100克。红豆中赖氨酸与维生素B含量在各种豆类中为最高。

我国医学认为，红小豆性甘平，具有除热毒、消胀、利尿、通乳、补血之功效，主治心肾脏器水肿、腮腺炎、痈肿脓血、乳汁不通等症，尤以妇科中配药方使用最多。外敷治扭伤，血肿及热毒痈肿等病症。

现代医学研究证明：红小豆含有其他豆类缺乏或很少有的三萜皂甙等成分，具有补血、消毒、利尿、治水肿等功效。20%红小豆水抽提液对金黄色葡萄球菌、福氏痢疾杆菌和伤寒杆菌等有抑制作用。红小豆煮汤饮服可用于治疗肾脏、心脏、肝脏、营养不良、炎症、特发及经前期等各原因引起的水肿。

另外，红小豆的叶、花、芽，均可入药治疗疾病。

（二）红豆食品的加工技术

1. 红豆沙

（1）工艺流程

面粉、砂糖、猪油、乳化剂等

红豆 → 粉碎 → 蒸煮 → 均质 →熬制→ 成品

（2）操作要点

①粉碎：粉碎的红豆粉过 40 目筛。

②蒸煮：红豆粉与水按 1：2 的比例调成糊状，在 121℃下蒸煮 25 分钟或 100℃下蒸煮 40 分钟。

③均质：蒸煮后的半成品，用重量为其 4 倍的水调成稀薄状，用胶体磨磨细。

④熬制：用少量的水将面粉调成糊，混入豆泥中，搅拌均匀；炒锅烧热倒入猪油、砂糖，等其溶化后，将混有面粉的豆泥倒入，搅拌均匀，熬至固形物为 75% 时即可。砂糖、猪油、面粉与红豆重量之比为 1.1：0.5：0.2：1。

此外，添加单甘酯以防止砂糖结晶和油水分离，并增加细腻感。添加量为猪油重量的 1/15。添加苯甲酸钠以延长保存期，添加量为 0.3 克/公斤。

2. 蜜渍红豆

（1）工艺流程

豆类软化剂

红豆 → 挑选 → 清洗 → 烧煮 → 浸泡 →烧煮→ 沥干 → 糖渍 → 过滤 → 成品

（2）操作要点　先将 50 公斤已清洗的红豆倒入 300 升夹层蒸汽锅内，加入 200 公斤左右的水并烧开 2～3 分钟后关闭蒸汽，自然浸泡 50 分钟后将豆类软化剂（干豆重量的 0.5%）加入浸泡的红豆中，烧开保温 3～5 分钟，将水沥干。再将 100 公斤果葡糖浆倒入沥干水的豆中，烧开后关闭蒸汽，自然浸泡 120 分钟。最后过滤冷却包装可得到红色、有半透明感、有蜂蜜口感，豆香浓实的蜜渍红豆。

（3）产品特色　红豆经过烧煮、浸泡、豆类软化剂处理和果葡糖浆的蜜渍，生产出的蜜渍红豆加至雪糕、冰淇淋中具有良好的抗冻性能，在 - 15℃时保持较好的柔软性和韧性。

3. 红豆奶

（1）工艺流程

红豆→浸泡→粉碎→过筛───────↓
蔗糖、奶粉、乳化稳定剂、水混匀→混合→加热→加香味料→调温→
均质→灌装密封→ 高温灭菌→冷却→成品

（2）操作要点　红豆（2.5%）除杂，加 3 倍水浸泡。浸泡时用少许 5% 碳酸氢钠溶液，调 pH 值在 7.5～8.5 之间，调水温 55～60℃浸泡 3 小时后，再加 5 倍量约 60℃热水，经粗磨和胶体磨两道粉碎，过 160 目筛，得红豆浆，与蔗糖（6%）、奶粉（1.5%）、乳化稳定剂（蔗糖酯 0.12%、单甘酯 0.01%、CMCFH6 0.1%、琼脂 0.03%）混料后加温至 80～85℃维持 10 分钟，然后降温至 65～70℃，在 25～30 兆帕下进行均质。灭菌温度是 121℃下 15～20 分钟。

（3）产品特色　红豆奶具有鲜牛奶的香味和红豆特有的豆香味，清香爽口，色、香、味俱佳，是一种高蛋白营养饮品。

4. 红豆粥

（1）原料　红豆。

（2）工艺流程

奶粉、胶、化匀───↓
白糖→化糖→过滤───↓

红豆→筛选→清洗→浸泡→粗磨→配料→脱气→预杀菌→灌装→
杀菌→冷却→擦干→贴标→成品

（3）操作要点　新鲜原料筛选清洗后，软化水浸泡2～4小时，直至红豆皮泡软，添加蔗糖、奶粉、及适量黄原胶，胶体磨预均质，以60目筛网过滤，料液通过高压均质机，压力150～200公斤/平方厘米，高压均质，料液40℃以上，压力－0.6～0.8公斤/平方厘米下，脱气。131℃、3～4秒超高温瞬时杀菌。85℃料液热灌装，120～122℃、20分钟杀菌，速冷至常温。

（4）产品特色　方便营养粥，具有红豆特有的风味和滋味。

九、芸豆食品的加工

（一）原料特性

芸豆（Kidney bean）是指以籽粒为食用对象的普通菜豆，原产南美洲，目前世界各国都有栽培，其播种面积仅次于大豆。我国是芸豆主要生产国之一，也是我国重要的出口农产品。芸豆品种很多，形状各异，有筒圆形、腰形、椭圆形和扁豆形，颜色有红色、紫色、花色、白色等。我国种植面积较大的品种主要有小白芸豆、小黑芸豆、白腰子豆、红腰子豆、红花芸豆、红芸豆、大白芸豆等。

芸豆营养丰富，每 100 克平均含蛋白质 22.70 克，总淀粉 42.22 克，脂肪 1.4 克，纤维素 9.8 克，维生素 E 4.56 毫克，尼克酸 2.4 毫克，维生素 B_1 0.18 毫克，维生素 B_2 0.26 毫克，钙 207 毫克，磷 415 毫克，铁 11 毫克。

中医上应用芸豆治疗惊悸、虚寒呃逆、胃寒呕吐、喘息咳嗽等。芸豆中大白芸豆质量最佳，常用于制作糕、卷、饼，还可同大米等煮粥食用。大白芸豆味甘、性平，有补脾、化食、止泻功效，常食对身体健康有益。

（二）芸豆食品的加工技术

1. 速冻芸豆

（1）工艺流程

原料选择及处理→清洗→烫漂→冷却→滤水→速冻→包装→冷藏

（2）操作要点　清洗前将原料在含有效氯浓度 5～10 毫克/升的水中适当浸泡，再在浓度为 15%～20% 的盐水中浸泡 20～60 分钟，达到驱虫护色的目的。烫漂时温度为 90～100℃，时间为 2～3 分钟。在冷水中冷却，冷至中心温度 10℃ 以下（最好0℃）。在 -30℃ 以下速冻机中速冻，待中心温度低于 -18℃ 以下时出货，并在 -18℃ 以下冷藏。

2. 罐装盐水红芸豆

（1）工艺流程

原料处理→装罐→配汤→排气密封→杀菌→保温→检验→打检包装

（2）操作要点

①原料处理：将挑选后的红芸豆置于 10～20℃ 的清水中浸泡 36 小时，豆与水的比例为 1：3，换水 2～3 次。预煮时水与豆的比例为 5：1，在水温为 90℃ 时将豆下锅，从水沸开始，每间隔 15 分钟轻轻搅拌 1 次，至煮透时捞出投入冷水中冷却。

②配汤：在盛有 215 公斤清水的夹层锅中分别加入月桂叶0.05 公斤、香菜籽 0.05 公斤，通入蒸汽加热保持微沸熬煮 30分钟后，过滤弃去月桂叶及香菜籽，加入白砂糖 1.3 公斤、精盐5.5 公斤，加热溶化后关闭蒸汽，再加入味精 0.2 公斤、柠檬酸0.06 公斤、维生素 C 0.1 公斤、氯化钙 0.3 公斤等辅料，经充分搅拌、煮沸后成汁即可出锅（按此配方可成汁 210 公斤）。

③装罐、密封、杀菌及冷却：每罐装豆 180 克、汤汁 47 克，净重 227 克。汤汁要热汤（温度 80℃ 以上）装罐，每罐浇汤汁后要立即密封（在压力为 53 千帕下抽气密封）。充分洗罐后将罐装入杀菌筐并推入杀菌锅内，在 15 分钟内使罐温升至 116℃ 并保持 55 分钟进行杀菌。杀菌后在 100 千帕的压力下注入冷水于杀菌锅内，将罐中心温度冷却至 40℃ 左右时出锅，擦净罐壁水渍。

④保温：将罐移至库房进行保温处理，在库温 37℃±2℃ 下保温 7 昼夜后，经打检合格的即可出库。

（3）产品特色 豆粒粒形完整，大小均匀，软硬适度，呈浅红褐色，具有芸豆固有的滋味和气味。

3. 八宝粥

（1）原料配比 玉米粒140克、木耳16克、芸豆20克、黑豆20克、花生20克、南瓜块40克、红枣2~6枚、桂圆4~6枚、水3 500克。

（2）工艺流程

玉米粒、花生、黑豆、芸豆浸泡→加水高压煮沸→加入南瓜块、红枣煮沸→加入湿木耳块、桂圆肉煮沸→装罐→灭菌→产品

（3）操作要点 黑豆、芸豆、花生要浸泡12小时后洗净。将处理好的玉米粒、黑豆、芸豆、花生混合，加水3 500克，在98千帕压力下煮沸20分钟；再将南瓜块、红枣块加入继续煮沸20分钟；将湿木耳块、桂圆肉加入再煮沸5分钟后即可食用（如喜欢偏甜的，可加糖105~110克）。装罐后，再在98千帕压力下保温30分钟，灭菌后即为最终产品，易拉罐包装保存期可达2年。

（4）产品特色 八宝玉米粥黏稠适中、口感滑润、外观形态均匀，为营养均衡的方便食品。

十、黑豆食品的加工

（一）原料特性

种皮为黑色的大豆称为黑豆。大豆原产中国，种质资源丰富，大多数黑豆籽粒较小，俗称小黑豆。黑豆的籽粒多扁椭圆、扁圆、肾状、长椭圆形，圆粒较少。黑豆的子叶色绝大多数为黄色，少量为绿色或称青色。黑皮青子叶大豆往往被称为药黑豆，其营养、药用和商品价值均高，在东南亚和港澳市场上很受欢迎。

黑豆中含有丰富的蛋白质、脂肪、维生素、微量元素，其中蛋白质含量高达49.8%，居豆类之首，而青豆仅为37.7%、黄豆为33.3%、白豆为22%。大豆异黄酮高于普通黄大豆品种。不饱和脂肪酸含量丰富，达到总脂肪的86.1%，还含有1.64%的磷脂。此外，黑豆中含有几种特有的、很有价值的成分——黑豆色素、黑豆多糖、花色苷等。其中，黑豆色素具有直接清除活性氧的作用，黑豆多糖对吞噬细胞有免疫作用，黑豆中的花色苷具有降血压的作用，因而黑豆是天然的降压和抗衰老食品。

我国古典医学认为，黑豆有活血、利尿、祛风、解毒四功效，主治水肿胀满、风毒脚气、黄疸浮肿、风痹筋挛、产后风疼、口噤、痈肿疮毒，并具解药毒、补肾、止盗汗等多种功效。现代科学研究也证明了黑豆具有较强的的抗氧化作用，如黑豆色素具有直接清除细胞体系和非细胞体系产生的活性氧作用，黑豆多糖对吞噬细胞具有免疫抑制作用等。

（二）黑豆食品的加工技术

1. 凝固型黑豆酸奶

（1）原料　黑豆、鲜牛奶、葡萄糖、蔗糖、甜蜜素、保加利亚乳杆菌、嗜酸乳杆菌。

（2）工艺流程

黑豆→筛选→浸泡（12~16小时）→去皮→灭酶→磨浆→过滤→标准化→均质→灭菌（115℃，5分钟）→迅速冷却→接种→发酵→后酵→成品

（3）操作要点　用4倍量的1.5%氯化钠水溶液浸泡黑豆12~16小时，去皮；用80℃水热烫30分钟后，热磨浆；按豆水比1∶10调配，然后过滤，加入20%鲜牛奶、1%葡萄糖、5%蔗糖、0.06%甜蜜素，经24~27兆帕均质后，115℃下5分钟灭菌后，接入5%驯化好的两种菌种（1∶1）发酵42℃，3~3.5小时，再经4℃、36小时后酵，即得成品。

（4）产品特色　黑豆酸奶呈黑紫色，具有黑豆酸奶特有的发酵风味，酸甜适度，口感细腻。

2. 速溶黑豆玉米粉

（1）工艺流程

原料豆的选择→浸泡→破碎→磨浆┐
　　　　　　　　　　　　　　　├→配料→过滤→预煮→真空浓缩
原料玉米选择→去须→脱粒→磨浆┘　　　　　　　　　　　↓
　　　　　　　　　　　　　　　　　　　　　包装←干燥真空

（2）操作要点　黑豆浆与甜玉米浆的最佳配比为100∶30，采用3.3%磷酸钠和1.65%蔗糖脂肪酸酯能增加制品的溶解性。50℃真空干燥，蛋白质变性少，产品的溶解性好。

（3）产品特色　具有黑豆的风味和营养以及甜玉米的清甜口味。

3. 黑豆蛋白肽果汁复合饮料

（1）工艺流程

黑豆→浸泡→磨浆分离豆渣→黑豆蛋白液→加热变性→pH值调节→加

酶恒温水解→灭酶→离心分离去渣→蛋白肽混合液→脱苦处理→加果汁调配→均质→罐装→杀菌→冷却→成品

（2）操作要点

①黑豆蛋白提取：洗净黑豆 60℃ 水中浸泡 4~6 小时，至豆瓣无硬心时加 80~90℃ 热水磨浆，离心过滤后的豆渣再次加水磨浆，合并浆液，1 公斤黑豆制得 12 升豆浆。

②酶解：黑豆浆 95℃ 下加热 30 分钟，调节 pH 值在 9.0，50℃ 恒温下加入碱性蛋白酶水解。

③灭酶与离心分离：酶解完成后（DH≥10%），调黑豆蛋白水解液 pH 值至 4.2，升温至 80℃ 保温 10 分钟，灭酶活。残渣同法再次酶解，合并两次上清液得到黑豆蛋白肽混合液。

④脱苦：加入 0.3% 的活性炭搅拌 30 分钟，得到呈淡黑豆清香味的蛋白肽水解液。

⑤调配：80% 蛋白肽水解液与 20% 澄清果汁混配，加入混合液总量 6% 的白糖。

⑥杀菌：100℃ 水浴中杀菌 40 分钟。

（3）产品特色　黑豆蛋白肽果汁复合饮料色泽棕红清亮，具天然果汁与黑豆清香风味，为易于消化吸收的营养型饮料。

4. 黑豆蛋白果冻

（1）工艺流程

黑豆→浸泡→磨浆分离豆渣→黑豆蛋白液→加热变性→pH 调节→加酶恒温水解→加酸灭酶→离心分离去渣→蛋白肽混合液

果冻粉、水、糖→混匀→溶胀→热沸→过滤→加蛋白肽混合液、果汁及少许香精调配→灭菌→装盒→压封→过热水槽→冷水槽→吹干→蛋白果冻

（2）技术要点

①黑豆蛋白肽混合液制备：将黑豆粉碎至 60~80 目，加 2 倍 50~60℃ 水进行 2 次和 3 次磨浆回收其中的蛋白质，合并浆液后，1 公斤黑豆制得 4 升黑豆乳。将黑豆乳于 95℃ 下加热 30

分钟，用1摩尔/升氢氧化钠溶液调pH至9.0，于50℃恒温下加入2709碱性蛋白酶进行水解。酶解后用柠檬酸水溶液降低黑豆蛋白水解液的pH至4.2，升温至80℃保温10分钟，离心过滤1升黑豆乳得到2升黑豆蛋白肽混合液。

②黑豆蛋白果冻制作：1公斤果冻粉与0.8公斤白砂糖混匀，加2升水搅拌溶胀煮沸过滤后，加入1升澄清苹果汁和8升黑豆蛋白肽混合液及少许香精调配均匀，90℃灭菌10分钟，倒入模盒中，压模封口后二次灭菌90℃、40分钟，冷却吹干得成品。

（3）**产品特色**　色泽棕红清亮，具天然果汁与黑豆清香风味。

十一、薏米食品的加工

（一）原料特性

现代营养化学及药理学研究表明，薏米不但营养成分含量高，且不含有重金属等有害物质，具有保健、美容等功效，并对某些疾病有良好的治疗作用，是一种十分有开发前景的功能性谷类作物。目前，我国开发的薏米食品有饮料、挂面、饼干、糕点等几十种产品。在日本薏米主要作为营养保健、健美食品应用，年消费 1.5 万吨。

1. 薏米的营养价值

薏米种仁营养丰富。据测定，薏米的蛋白质、脂肪、维生素 B 及主要微量元素含量（磷、钙、铁、铜、锌）均比大米高，粗蛋白含量在 17.8%，并富含多种氨基酸，如赖氨酸 0.28%~0.34%、谷氨酸 2.86%~4.80%、亮氨酸 1.63%~2.83%。种仁中含脂肪油 7.2%，对人体有益的不饱和脂肪酸有：油酸 49.95%~55.50%；亚油酸 33.1%~35.0%；亚麻酸 0.28%~0.64%。油中含薏苡仁酯（$C_{38}H_{70}O_4$）、薏苡内酯（薏苡素 $C_8H_7O_3N$）、抗补体多糖、甾体化合物、顺十八烯酸、豆甾醇、β-谷甾醇和 γ-谷甾醇、微量 α-谷甾醇和硬脂酸。

2. 薏米的保健价值

薏米是历史悠久的粮、药兼用作物，它的药理保健作用在我国古代医药书中有许多记载，《神农本草经》、《名医别录》等列薏米为上品，性味甘，主治湿气，可消除水肿，久风湿痹，常服轻身益气。

现代中医科学研究证明：薏苡仁酯有抑制艾氏腹水癌细胞的作用，薏苡仁油低浓度对呼吸、心脏、横纹肌和平滑肌有兴奋作用、高浓度则有抑制作用，可显著扩张肺血管改善肺脏的血液循环。薏苡素有解热镇痛和降血压的作用。薏苡酯和β-谷甾醇有抗癌作用，β-谷甾醇还有抗血胆固醇、止咳、抗炎作用。现今中医中用于治疗胃癌、子宫颈癌、直肠癌、乳腺癌、绒毛膜上皮癌和艾氏腹水癌等。此外还用于肺结核、肾炎、肝炎、肋膜炎、慢性关节炎、皮炎、神经痛和高血压的补助疗养。

（二）薏米食品的加工技术

1. 薏米饼干

（1）原料配方　薏米粉70公斤、中力小麦粉30公斤、白砂糖26公斤、油脂14公斤、水适量。

（2）生产工艺流程

薏米→水洗→干燥→粉碎→蒸煮→冷却→加种曲→发酵→干燥→粉碎→面团调制→醒发→成型→烘烤→喷油→包装→成品

（3）操作要点

①原料处理：将精碾的薏米用清水洗净，沥干水分后，进行自然干燥，然后用粉碎机将其粉碎成粉末。将薏米粉末放入砂锅中进行轻度烘焙后，放入蒸锅中进行蒸煮。

②加种曲：将蒸后的薏米粉摊放在铺有麻布的席上，待品温下降到35℃左右时，加入适量的种曲，并用手或勺子搅拌均匀，使种曲混合到蒸过的薏米粉中。

③发酵：将混入种曲的薏米粉分别装入小型容器中，每个容器的容积约3升，薏米粉在容器中的形状为中间突起的山丘状，将数个容器置于箱中，放入曲室内。曲室内保持温度为28℃左右，这时突起部分凹陷，再经过5小时后，品温升至40℃左右，经过28小时后，品温为38℃左右。再用席子将容器盖住，约2

小时后，容器中的薏米表面变成黄绿色，容器中的薏米粉全部曲化，变得有弹性。这时将容器从曲室中取出，放在室外使之熟化。放置 5 小时后，利用干燥机在 90℃ 的温度下进行干燥，然后将其粉碎成粉末。

④面团调制及醒发：将上述薏米粉与中力小麦粉按比例混合，再按配方的比例添加白砂糖、油脂及适量的水，利用搅拌机在 37℃ 的温度下搅拌混合 30 分钟，然后醒发 40 分钟。

⑤成型、烘烤、喷油：将醒发后的面团经过辊轧，送入饼干成型机中进行成型，然后送入烤炉中，在 320℃ 的温度下烘烤 4 分钟，烘烤后的饼干再利用喷油器在其表面喷涂 12%～14% 的食用油脂，经过冷却即为成品薏米饼干。

2. 薏米薄脆片

（1）原料配方　脱壳薏米 1 公斤、结晶葡萄糖 150 克、面包酵母 50 克、水 3.5 公斤。

（2）生产工艺

①将脱壳薏米水洗，破碎后加入水。

②将上述混合物加热至 90～95℃ 后煮 40 分钟，然后冷却到 35～40℃，加入结晶葡萄糖及面包酵母，搅拌均匀后在液温 30～35℃ 的温度条件下发酵 3 小时。将液温调整到 70℃，使面包酵母死亡。

③利用烤箱型薄膜干燥机在 140℃ 的温度下进行加热干燥，制成薏米薄脆片。

（3）产品特点　有面包风味，不易氧化变质，是老幼皆宜的保健食品。

3. 薏米黄酒

（1）生产工艺流程

红曲、根曲霉　酵母菌

薏米→浸泡→蒸煮→淋饭→摊凉→下曲→糖化→发酵→净水→后发酵→榨酒→澄清过滤→调色→煎酒→装坛陈酿→装瓶→薏米黄酒

（2）操作要点

①原料浸泡：薏米经淘洗后利用清水浸泡 20～24 小时，沥干水分。

②蒸煮：将薏米上甑后加盖，利用旺火蒸饭出现大汽后 10 分钟，揭开甑盖，用清水均匀洒在饭粒上，加盖后再旺火蒸 30 分钟即可。要求薏米饭熟而不黏、内无生心。

③淋饭：将饭甑从火上移开，利用冷开水进行淋饭，然后沥干水分。

④摊凉、下曲：将沥干水分后的薏米饭入已经消毒的盆内快速摊凉，待品温下降至 35℃ 左右即可下曲。根霉曲用量为原料的 0.3%～0.5%，充分拌匀后下缸，下缸温度根据气温高低而灵活掌握，一般控制在 25℃ 左右。

⑤糖化、发酵：物料下缸后经一昼夜的糖化，产生甜酒酿香味，此时每只缸内可接入刚培养好的酒母（酵母菌），接种量为 5% 左右，同时加入适量净水（为物料的 1 倍），充分拌匀，加盖密封，进入前发酵期。冬季应注意保温，待数小时后，物料中酵母细胞数已经繁殖很多，开始进入主发酵，此时品温上升较快，可听到缸内发酵产生的嘶嘶响声。待品温升至 30℃ 左右，即可进行第一次搅拌（又称开头耙）。掌握开耙的品温和时间对成品酒的风味有直接影响。低温开耙，醪液发酵较完全，成品酒的酸度低，酒度高，可加工成半干或干型黄酒。高温（36℃ 左右）开耙，使酵母易衰老，发酵不彻底，成品酒含有较多的糖类固形物。口感浓甜，可加工成甜型或半甜型黄酒。

⑥后发酵：缸内发酵醪经第一次搅拌后品温下降，以后可视品温上升情况而确定搅拌时间和次数。搅拌的作用是降低品温和使糖化发酵均衡进行。经过 3～5 天的主发酵后，醪液中的酒精度数已较高，此时发酵缓慢，为提高黄酒的风味，应将缸口密封，减少与空气接触，防止杂菌污染引起酸败，同时也避免酒精挥发。让其持续后发酵 1～2 个月。

⑦榨酒、澄清处理：将发酵完毕的醪液装入布袋，采用压榨机榨取酒液，酒糟可蒸馏白酒。新酒较浑浊，经采用专用澄清剂进行快速澄清数小时，取上层清亮的酒经过滤机进行过滤，待调入适量焦糖色素后即可进行煎酒。

⑧煎酒、陈酿：采用板式热交换器或瞬时灭菌器对新酒进行高温（品温95℃以上）灭菌处理，而后装入酒坛密封陈酿3个月以上，再装瓶包装出厂。

（3）成品质量指标

①感官指标：色泽：棕黄色或琥珀色，清亮有光泽，无悬浮沉淀物；香味：具有薏米黄酒特有的浓郁芳香味，甜酸爽口，无异味；风格：具有该种酒特有的风格。

②理化指标：酒度12度～22度，总酸≤0.5克/毫升，总酯≥0.3克/升，可溶性固形物≥8克/100毫升，总糖6～20克/100毫升，总氨基≥200毫克/100毫升，甲醇≤0.4克/升，杂醇油≤2克/升，黄曲霉毒素 B_1 ≤5微克/升。

③微生物指标：细菌总数≤50个/毫升，大肠菌群≤3个/100毫升，致病菌不得检出。

4. 薏米发酵饮料

（1）原料配方　薏米仁500克、白砂糖1 500克、香精适量。

（2）生产工艺流程

原料处理→粉碎→萃取→过滤→浓缩→灭菌→接种发酵→配料→成品

（3）操作要点

①原料处理：将薏米经过筛选后，利用脱壳机进行脱壳处理得到薏米仁。

②粉碎：利用粉碎机将薏米仁进行粉碎，并过50～60目的筛，一般来说，粉碎的粒度越小，萃取得率越高，但如果粉碎太细时，则会呈糊状液体，降低过滤速度。

③萃取：在原料中加入10倍左右的水，浸泡12小时，浸泡

时要加以搅拌，以使可溶性物质尽快渗出，并加入一些淀粉酶。加淀粉酶的目的是降低其黏度，提高过滤和分离速度，增加萃取得率。所加淀粉酶为α-淀粉酶、麦芽淀粉酶、葡萄糖淀粉酶等。一般酶的添加量为原料量的 0.1% ~ 0.5%，再加酶制剂进行萃取时，应当保持各种酶作用的最适温度，通常控制在 75 ~ 80℃，保温 30 ~ 50 分钟即可，然后加热煮沸 2 ~ 3 分钟。

④过滤：将上述液体进行固、液相分离，各种过滤机均可使用。为加快过滤速度，可在萃取液中加入一些过滤助剂，如硅藻土等。

⑤浓缩：萃取液中含水分太大，需加以浓缩。通常采用真空浓缩，使其体积浓缩至 1/5 ~ 1/4 即可。有时也可不浓缩，直接进行杀菌、接种发酵。

⑥杀菌：浓缩后的培养基要进行杀菌处理，以灭除其他微生物。通常使其加热煮沸 2 分钟左右，再急速冷却到 38 ~ 40℃，即可作为接种发酵的培养基。

⑦接种发酵：接种的乳酸菌有保加利亚乳杆菌、嗜酸乳杆菌和嗜热链球菌。乳酸菌应事先加以培养，通常用脱脂乳作为培养液，其中固形物含量为 10% ~ 20%。发酵温度取决于乳酸杆菌的种类，一般为 18 ~ 50℃，若用保加利亚乳杆菌，其发酵温度为 38 ~ 40℃，接种量为培养基体积的 2% ~ 10%。

发酵时间也因所用乳酸菌的种类、接种量，培养液浓度、组成、种类，培养基的浓度、成分等不同而异，一般在 10 ~ 100 小时内便可完成发酵操作。

⑧配料：发酵结束后的发酵物的酸度达 0.8% ~ 2%，pH 值为 3 ~ 4，这种发酵物甜度欠佳，可加入原料重量 3 倍左右的白砂糖，并加以搅拌，使其均匀化，再加热到 80℃左右，保温 40分钟，进行杀菌、冷却即为成品。如果加入适量的香精风味会更好。如果要制得带活乳酸菌的饮料，则不需要进行杀菌。

5. 薏米姜茶

（1）原料配方　薏米 0.5%～1.5%、原姜汁 10%～15%、琼脂－CMC 复合剂 0.1%～0.2%、蔗糖 9%、氯化钠 0.08%、六偏磷酸钠 0.05%、香精 0.1%，其余为水。

（2）生产工艺流程

鲜生姜→清洗去皮→粉碎→挤压榨汁→沉淀→过滤→姜汁

薏米→浸渍→挤压膨化→干燥→粉碎→加水浸提→离心去渣→薏米精→混合→均质→加热脱气→灌装→真空封罐→杀菌→冷却→打检入库→成品

（3）操作要点

①薏米精的制备：

a. 原料准备。薏米要求脱壳除杂干净，颗粒白净饱满。

b. 挤压膨化。将干净的薏米用 5～10 倍的水浸渍，使之含水量达到 20%～25%，然后利用普通挤压膨化机对其进行膨化，温度为 150～200℃，压力为 490～784 千帕。膨化的目的一是使原料淀粉 α-化，以利于抽提其中的营养成分；二是使蛋白质和脂肪等大分子得到适度降解，以利于营养成分的吸收。

c. 干燥、粉碎。膨化后的薏米经干燥后利用粉碎机粉碎成 100 目左右的细粉。

d. 加热浸提。将 1 份薏米粉与 20～30 份水混合，搅拌加热到 90℃左右，维持 30 分钟，然后进行冷却。

e. 离心过滤。将上述经过冷却的料液利用离心机过滤除去料渣，得到薏米精。

②姜汁的制备：

a. 原料准备。将鲜生姜放入池水中进行浸泡，洗去泥沙后，用人工去皮。

b. 粉碎、挤压。将生姜块放入粉碎机中进行粉碎，然后将粉碎姜送入挤压机中挤压出汁，去除姜渣。

c. 沉淀过滤。将姜汁静置 2 ~ 4 小时，经过滤除去沉淀物，得到均匀的姜汁。

③混合：砂糖及品质改良剂（含聚磷酸钠、六偏磷酸钠等）用 90℃ 以上热水溶解，然后用 50 目滤布过滤备用。稳定剂采用琼脂 – CMC 复合剂，该复合剂兼具琼脂黏度高、悬浮性能强及 CMC 稳定性好的优点，对薏米姜茶有良好的稳定作用，使用前用 85 ~ 90℃ 的热水搅拌溶解。

在搅拌状态下，将稳定剂、薏米精、姜汁及其他辅料依次入糖水中混匀，用水定容，测定糖度及 pH 值，并作适当的调整。

④均质：为使饮料组织状态稳定，将上述混合液送入均质机中进行均质处理，其压力为 15 ~ 20 兆帕。

⑤脱气：为了排除均质时带入的空气，保证后续杀菌效果及成品质量，将料液用板框换热器加热到 85 ~ 90℃，泵入贮罐内恒温保持 15 分钟。

⑥灌装封口：将脱气后的料液趁热进行灌装，容器选用 250 克三片罐，空罐预先经过热蒸汽杀菌清洗，然后真空封口，要求真空度在 40 ~ 53 兆帕。

⑦杀菌冷却：封口后的罐头装篮后马上送入杀菌锅中进行杀菌，其杀菌条件为：15 ~ 20 分钟，121℃。杀菌完毕后迅速冷却到常温。

⑧打检送检：冷却后的罐头用红外线烘干机烘干或自然晾干，然后打印生产日期及代号，送入半成品仓库在 35℃ 存储一星期后进行检验，合格者即为成品。

（4）成品质量指标

①感官指标：色泽：浅黄色或淡黄色；滋味及气味：入口甜辣，润喉，具有天然姜香味；组织及形态：组织均匀细腻，质地均匀无沉淀。

②理化指标：可溶性固形物 ≥9 波美度（折光计），pH 值：5.5 ~ 6.0。

6. 速溶薏米粉

（1）生产工艺流程

薏米精选→烘焙→破碎→浸提→浸提液冷却→澄清→混合→浓缩→喷雾干燥→出粉→冷却、过筛→包装→成品

（2）操作要点

①薏米精选：选粒大、饱满、色白、无虫害者为佳，然后去除杂质。

②烘焙：将薏米烘焙至出现焦糖色即可。烘焙条件根据所用设备、原料处理量不同而灵活掌握。通常可在180~250℃，搅拌下维持15~25分钟。

③破碎：原料烘焙后破碎成2~4瓣，忌成粉末，否则不利于后处理。

④浸提：原料破碎后，装入带有过滤机的浸出罐中，先用0.29~0.69兆帕的压力将水蒸气从底部压入罐内，待薏米被蒸汽湿润后，将水蒸气从罐顶部排出。连续进出蒸汽数次后，注入适量热水，关闭排气阀门，保持100℃以上的温度，压力为0.29~0.69兆帕。蒸汽压维持一定时间，过滤分离出液体，多次进行减压放气处理，除去挥发性化合物，然后放出部分浸出液。再加入适量热水，同法浸提两次后，用热水洗涤残渣，冲洗液并入浸提液中。

⑤澄清、混合、喷雾干燥：将所有浸提液进行冷却，利用高速离心机进行离心澄清，除去固体物质，然后根据需要加入辅料，混合均匀后浓缩至固形物含量为45%后进行喷雾干燥。

⑥出粉、冷却、包装：干燥室内的薏米粉要迅速连续地卸出并及时进行冷却、过筛，然后根据要求进行包装，经检验合格者即为成品。

7. 薏米莲子粥

（1）原料配方　薏米100克，粳米100克，莲子25个，冰

糖或白糖适量。

（2）生产工艺

①将莲子洗净，泡开剥皮去心。薏米、粳米淘洗干净。

②将薏米、粳米放入沸水锅内煮至半熟时，放入莲子，待煮至薏米、粳米开花发黏，莲子肉已熟时，加入冰糖或白糖搅匀即成。

（3）产品特点　香甜味美，黏糯适口。

十二、青稞食品的加工

（一）原料特性

现代新华本草纲要认为青稞是大麦的变种，俗称裸大麦，又称元麦，属于禾本科植物。我国青稞产量高，而且符合"三高两低"（高蛋白、高纤维、高维生素和低脂肪、低糖）的饮食结构，是谷类作物中的佳品。

不同地区、不同品种的青稞蛋白质、淀粉等含量不同。西藏青稞籽粒粗蛋白质含量 7.68% ~ 17.52%，平均 11.37% 左右，低于大麦和小麦但高于其他谷类作物。经检测青稞中含有 18 种氨基酸，包括人体必需的 8 种氨基酸，对于补充机体每日必需氨基酸的需要有重要意义。尤其是谷物中缺乏的赖氨酸，其含量为 0.36 克/100 克。青稞淀粉成分独特，普遍含有 74% ~78% 的支链淀粉，有些甚至高达或接近 100%。

目前许多学者对青稞粗脂肪和 β-葡聚糖含量进行了大量研究。粗脂肪 1.18% ~3.09%，平均为 2.13%，比玉米和大麦低，但高于其他谷类物质。可溶性纤维和总纤维含量均高于其他谷类作物。西藏青稞 β-葡聚糖含量为 3.66% ~8.62% 之间，平均值为 5.25%，是迄今为止测得的最高值。专家认为，原产自青藏高原的青稞，是一种真正意义上的绿色食物，青稞本身含有 β-葡萄糖等营养物质，对降低血脂、增加胃动力、防止高原病、糖尿病等方面有独特的保健作用。

少数学者对青稞主要微量元素等进行了研究。经分析检测青稞中含有铜、锌、钼、铬、硒等 12 种微量元素。

（二）青稞食品的加工技术

1. 青稞麦片

以青稞粉和面粉为主要原料，加入豆粉、奶粉、蔗糖和食品添加剂等辅料，生产风味独特的青稞麦片。

（1）原料和辅料　青稞、大豆粉、奶粉、香兰素、面粉、香甜泡打粉、蔗糖、液化型 α-耐高温淀粉酶

（2）生产工艺流程

温水（35℃）和辅料

↓

青稞粉、豆粉、面粉、奶粉等→搅拌→胶磨→蒸煮（糖化、预糊化）→压片→微波炉热风对流一次干燥→微波炉微波二次干燥（焙烤）→造粒/成片→干粉混合→烘干→包装

（3）操作要点

①粉碎：由于青稞粉粒度的大小直接影响涨润效果和预糊化程度，因此先将青稞粉碎过筛。

②搅拌：搅拌用水一般要求以 35℃ 左右的温水为宜，浓度以浆料具有一定的黏稠度和较好的流动性为佳，每 100 公斤干粉加入 60~80 公斤温水。

③胶磨：为使搅拌混合效果更好，并使油水充分乳化，经搅拌混合后的料浆通过胶体磨磨 3 遍，使料浆进一步混合均匀。

④蒸煮（糖化、预糊化）：不同的蒸煮条件会使青稞营养麦片产生不同的结果。由于生产原片的原料中以淀粉和糖类为主，此类物质在适当的条件下产生糊化反应和糖化反应，糖化反应可以改善原片的色泽和口感，预糊化后便于干燥成型。

⑤干燥：这是生产原片的关键工序，只有控制好比较适合制作营养麦片的干燥时间和温度，才能控制原片浆料糊化程度和干燥效果，从而达到控制原片色、香、味的目的。此工序分为一次干燥和二次干燥，且均采用微波干燥新工艺。

⑥造粒、压片：原片的颗粒大小可通过调节造粒机筛网的疏密度来确定，加以一定的辅助设备，还可达到分片分离的目的。一般要求粒度直径为 5~6 毫米，厚度为 1~2 毫米。

2. 青稞炒面

青稞是大麦的一种，粒大、皮薄，作为一种粮食作物，主要产在青海、西藏等地。用青稞原粮加工出的"青稞炒面"是我国西部（西藏、青海、甘肃、四川）藏族、蒙古族群众及牧民的主要食物。在青稞炒面中加入适量酥油、米曲拉（牛奶提取奶油后经脱水所得的固形物）及糖或盐拌和后的食品——糌粑，营养非常丰富，且食用方便、抗饥耐寒，是藏族、蒙古族及牧民群众十分喜爱的传统食品。

（1）生产工艺流程

青稞原粮→清杂→去石→打麦→磁选→着水→熟化→冷却→去皮→磨粉→包装→成品

（2）操作技术要点 青稞的熟化是生产工艺中的关键环节，它直接影响着产品的质量和口味。青稞的熟化目前主要采用熟化机。该机由电加热装置、旋转滚筒、机架等部分组成。其工作原理为：滚筒内装有细沙，循环往复并不断被加热达到较高温度。当青稞进入滚筒内就在灼热的沙子里烘炒而得到熟化，在出料端与沙子分离，完成熟化的全过程。判断青稞熟化程度的高低是以炒后青稞的爆腰（开花）程度来衡量的，爆腰率高说明熟化度高，反之则低。

熟化青稞磨制炒面炒熟后的青稞在去除麸皮并经筛理后，清除净熟化过程中可能嵌入青稞粒内的沙子，就可以进入磨粉系统内磨粉了。但刚炒熟的青稞温度较高，马上入磨是不合适的。刚炒熟的青稞籽粒比较柔韧，有些籽粒较软，马上研磨时不易磨碎，动力消耗也要相应增加。而且青稞很热，使磨辊的温度很快升高，不利于长时间研磨，又容易造成青稞炒面过热。故需要经过冷却处理。青稞在冷却过程中，蒸发去大部分水分之后，变得比较酥脆，研磨时很容易磨碎。因此，熟化后的青稞在特制的贮料仓内进行冷却后再磨粉，很容易磨细，既可降低动耗，又可提高磨粉机的使用效率，达到事半功倍的效果。

3. 青稞挂面

（1）工艺流程

原辅料→称量→和面→熟化→压片→切条→垂挂→干燥→包装

（2）工艺过程　先将面粉、水和其他辅料在和面机中充分混合，水温控制在 20～30℃，和面时间 15～20 分钟，形成松散的颗粒状面团。经熟化后放入轧片机中轧片，采用复合压延，轧成二或三块面带，再通过一组轧辊将它们合压成一块面带，连续通过两组轧辊逐步压薄后切条，然后将挂面在单排移行式烘房内烘干，最后将烘房出来的长挂面切成宽 1 毫米、厚 0.8 毫米、长 240 毫米的成品。

（3）控制关键

①品质改良剂的使用：青稞面由于面筋质含量很低，用其制作挂面，面团松散，挂面成型后，断条率极高。故加入适量的面粉，并辅以品质改良剂以提高配方的面筋质含量，从而降低青稞挂面的断条率。

②加水量和和面时间的确定：加水量是直接影响面筋形成的因素，加水量少，面团吸水不足，加水量过多，面团过于湿软，在轧片时轧辊作用于面团的压力降低，面片组织不紧密，干燥时易断条。根据面粉的面筋质含量确定面团的含水量以 26%～28% 为宜。

③烘干条件：在烘干过程中，采用低温定条，高温烘干，低温冷却三个阶段。低温定条阶段，温度为 18℃，相对湿度 88%；高温烘干阶段，温度为 39℃，相对湿度 65%；低温冷却阶段，温度为 26℃，相对湿度为 55%。

④小麦粉与青稞面的比例：用小麦粉与青稞面之比为 4:1，马铃薯淀粉含量为 15%，品质改良剂为 1.5% 的配比生产的青稞

挂面，基本上无断条，水煮时，表面光滑，有咬劲。青稞挂面是一种老少皆宜的大众主食品。

4. 青稞啤酒

青稞啤酒的生产是以青稞代替辅料—大米的新型啤酒。青稞啤酒风味独特，具有浓郁的高原特色，有很大的消费市场。但是与大米相比，青稞有生青味和蛋白质含量高的特点，直接影响啤酒的风味和非生物稳定性。

（1）原料　一级大麦芽、青稞芽、膨化青稞及酒花。

（2）糖化工艺流程

40℃投料→45℃→55℃（恒温 45 分钟）→65℃（恒温 60 分钟）→70℃糖化完全→80℃（恒温 5 分钟）→78℃过滤→头号麦汁

（3）操作要点

①在不同辅料加量下，青稞芽与膨化青稞的比例为 6：4，辅料最大加量42%，辅料间比例为 6：4。

②料水比的选择：最佳料水比为 1：40。

③升温浸出糖化工艺条件的调整：蛋白质休止温度和时间为55℃和45分钟，液化温度 70℃时糖化效率最高。

参考文献

1. 杜连起. 谷物杂粮食品加工技术. 北京，化工出版社，2004 年

2. 石永峰. 大麦的生物学特性营养价值及应用. 粮食与饲料工业，1994（11）：29～32

3. 陈海华，董海洲. 大麦的营养价值及在食品业中的利用. 西部酿油科技，2002（27）

4. 陆晓滨，董贝磊，董贝森. 大麦茶饮料的研制. 粮食与饲料工业，1998

5. 钟晓凌，陈茂彬. 用大麦糖浆生产大麦乳酸发酵饮料. 食品工业，2000（2）

6. 杜云建，赵玉巧，余军锁. 黑大麦乳酸菌饮料的研制. 食品工业，2003（1）

7. 孙义章. 大麦膨化粉和膨化小食品的生产. 贮藏加工，2002（6）

8. 臧靖巍，阚建全，陈宗道，赵国华. 青稞的成分研究及其应用现状. 中国食品添加剂，2004（4）